“十二五”国家重点图书出版规划项目

青少年太空探索科普丛书

太空资源

焦维新◎著

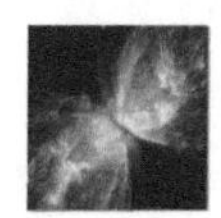

面对资源日益匮乏的地球，

仰望苍穹，人们不禁要问：

“太空中有哪些资源可以为人类所用？”

让我们走进本书，把太空资源搬回家。

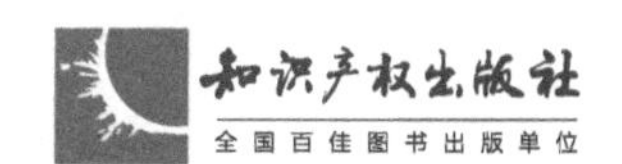

图书在版编目（CIP）数据

太空资源 / 焦维新著 .—北京：知识产权出版社，2017.8（重印）
（青少年太空探索科普丛书）
ISBN 978-7-5130-3642-9

Ⅰ.①太…　Ⅱ.①焦…　Ⅲ.①宇宙－资源－青少年读物　Ⅳ.① P159-49

中国版本图书馆 CIP 数据核字（2015）第 156533 号

内容简介

价值连城的小行星、取之不尽的太阳能、穿透宇宙尘埃的空间望远镜……这些都属于太空资源的范畴。本书采用百余幅高清图片，用生动活泼的语言，将太空资源如数家珍，娓娓道来。太空中有哪些资源我们可以利用？现在的开发情况如何？未来又有哪些“脑洞大开”的设计方案？我们将逐一梳理。仰望苍穹，有太多的资源可以为人类所用，就让我们走进本书，开动脑筋，把太空资源搬回家。

责任编辑： 陆彩云　许　波　　　　**责任出版：** 刘译文

青 少 年 太 空 探 索 科 普 丛 书
太空资源　TAIKONG ZIYUAN
焦维新　著

出版发行： 知识产权出版社有限责任公司
网　　址： http://www.ipph.cn
http://www.laichushu.com
电　　话： 010-82004826
社　　址： 北京市海淀区气象路 50 号院
邮　　编： 100081
责编电话： 010-82000860 转 8110/8380
责编邮箱： xbsun@163.com
发行电话： 010-82000860 转 8101/8029
发行传真： 010-82000893/82003279
印　　刷： 北京建宏印刷有限公司
经　　销： 各大网上书店、新华书店
开　　本： 720mm × 1000mm　1/16
印　　张： 9.25
版　　次： 2015 年 11 月第 1 版
印　　次： 2017 年 8 月第 2 次印刷
字　　数： 124 千字
定　　价： 36.00 元

ISBN 978-7-5130-3642-9

自序

在北京大学讲授“太空探索”课程已近二十年，学生选课的热情和对太空的关注度，给我留下了深刻的印象。这门课程是面向文理科学生的通选课，每次上课限定二百人，但选课的人数有时多达五六百人。近年来，我加入了“中国科学院老科学家科普演讲团”，每年在大、中、小学及公务员中作近百场科普讲座。广大青少年在讲座会场所洋溢出的热情令我感动。学生听课时的全神贯注、提问时的踊跃，特别是讲座结束后众多学生围着我要求签名的场面，使我感触颇深，学生对于向他们传授知识的人是多么敬重啊！

上述情况说明，广大中小学生和民众非常关注太空活动，渴望了解太空知识。正是基于这样的认识，我下决心“开设”一门中学生版的“太空探索”课程。除了继续进行科普宣传外，我还要写一套适合于中小学生的太空探索科普丛书，将课堂扩大到社会，使读者对广袤无垠的太空有系统的了解和全面的认识，对空间技术的魅力有深刻的体会，从根本上激励青少年热爱科学、刻苦学习、奋发向上，树立为祖国的科技腾飞贡献力量的理想。

我在着手写这套科普丛书之前，已经出版了四部关于空间科学与技术方面的大学本科教材，包括专为太空探索课程编著的教材《太空探索》，但写作科普书还是第一次。提起科普书，人们常用“知识性、趣味性、可读性”来要求，但满足这几点要求实在太不容易了。究竟选择哪些内容？怎样使读者对太空探索活动和太空科学知识产生兴趣？怎样的深度才能适合更多的人阅读？这些都是需要逐步摸索的。

为了跳出写教材的思路，满足知识性、趣味性和可读性的要求，本套丛书写作伊始，我就请夫人刘月兰做第一个读者，每写完两三章，就让她阅读，并分为三种情况。第一种情况，内容适合中学生，写得也较通俗易懂，这部分就通过了；第二种情况，内容还比较合适，但写得不够通俗，用词太专业，对于这部分内容，我进一步在语言上下功夫；第三种情况，内容太深，不适于中学生阅读，这部分就删掉了。儿子焦长锐和儿媳周媛都是从事社会科学的，我也让他们阅读并提出修改意见。

科普书与教材的写作目的和要求大不一样。教材不管写得怎样，学生都要看下去，因为有考试的要求；而对于科普书来说，阅读科普书是读者自我教育的过程，如果没有兴趣，看不下去，知识性再强，也达不到传递知识的目的。因此，对科普书的最基本要求是趣味性和可读性。

自加入中国科学院老科学家科普演讲团后，每年给大、中、小学生作科普讲座的次数明显增多。这种经历使我对不同文化水平人群的兴趣点、接受知识的能力等有了直接的感受，因此，写作思路也发生了变化。以前总是首先考虑知识的系统性、完整性和逻辑性，现在我首先考虑从哪儿入手能引起读者的兴趣，然后逐渐展开。科普书不可能有小说或传记文学那样动人的情节，但科学上的新发现、科技在推动人类进步方面的巨大作用、优秀科学家的人格魅力，这些材料如果组织得好，也是可以引人入胜的。

内容是图书的灵魂，相同的题材，可以有不同的内容。在内容的选择上，我觉得科普书应该给读者最新的、最前沿的知识。例如，《太空资源》一书中，我将哈勃空间望远镜和斯皮策空间望远镜拍摄到的具有代表性的图片展示给读者，这些图片都有很高的清晰度，充满梦幻色彩，非常漂亮，让读者直观地看到宇宙深处的奇观。读者在惊叹之余，更能领略到人类科技的魅力。

在创作本套丛书时，我尽力在有关的章节中体现这样的思想：科普图书不光是普及科学知识，更重要的是要弘扬科学精神、提高科学素养。太空探索之路是不平坦的，充满了挑战，航天员甚至要面对生命危险。科学家们享受过成功的喜悦，也承受了一次次失败的打击。没有强烈的探索精神，没有坚强的战斗意志，人类不可能在太空探索方面取得如此辉煌的成就。

现在呈现给大家的《青少年太空探索科普丛书》，系统地介绍了太阳系天体、空间环境、太空技术应用等方面的知识，每册一个专题，具有相对独立性，整套则使读者对当今重要的太空问题有系统的了解。各分册分别是《月球文化与月球探测》《遨游太阳系》《地外生命的 365 个问题》《间谍卫星大揭秘》《人类为什么要建空间站》《空间天气与人类社会》《揭开金星神秘的面纱》《北斗卫星导航系统》《太空资源》《巨行星探秘》。经过知识产权出版社领导和编辑的努力，这套丛书已经入选国家新闻出版广电总局“十二五”国家重点图书出版规划项目，其中《月球文化与月球探测》已于 2013 年 11 月出版，并获得科技部评选的 2014 年“全国优秀科普作品”，其他九个分册获得 2015 年度国家出版基金的资助。

为了更加直观地介绍太空知识，本丛书含有大量彩色图片，书中部分图片已标明图片来源，其他未标注图片来源的主要取自美国国家航空航天局（NASA）、太空网（www.space.com）、喷气推进实验室（JPL）和欧洲空间局（ESA）的网站，也有少量图片取自英文维基百科全书等网站。在此对这些网站表示衷心的感谢。

鉴于个人水平有限，书中不免有疏漏不妥之处，望读者在阅读时不吝赐教，以便我们再版时做出修正。

目录 CONTENTS

MADE
IN
SPACE

引子

“资源”这个概念含义是非常广泛的。生活中常说的资源，包括土地资源、矿物资源、水力资源、风力资源、植物资源、动物资源和人力资源等。总之，凡是能够被人类利用的一切物质和非物质，都可以纳入资源范畴。

“太空资源”的含义显然应当涵盖“太空”和“资源”两个方面。太空这个词是由英文“space”翻译过来的，目前国内对太空的含义也有不同的说法。从学科研究的角度看，一般将围绕地球的最底层大气称为对流层，高度一般在 20 千米以下；而将对流层顶到大约 55 千米高度的区域称为平流层。这两个层一般属于大气科学研究的内容。从平流层顶以上，一直到广袤的宇宙空间，都可以称为太空。研究这个区域的学科称为空间科学或太空科学。根据上面的分析，我们将源于太空的、凡是对人类有用的物质和环境，都称为太空资源。

根据利用方式的不同，本书将太空资源划分为太空高位置资源 (1 ～6 章) 和地外天体的物质资源（7 ～8 章）。太空高位置资源包括气象卫星、空间对

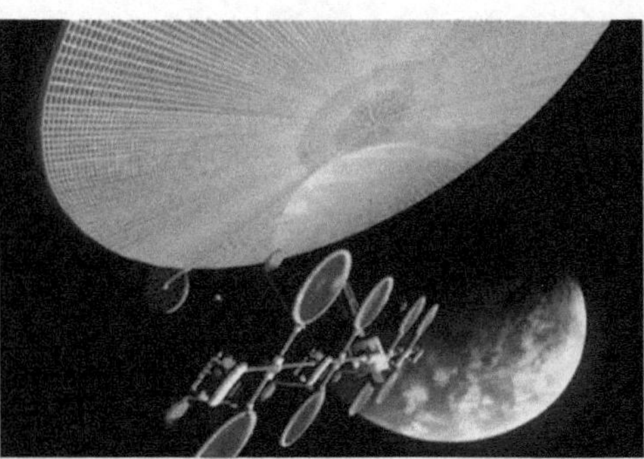

地观测卫星、通信与导航卫星、空间天文卫星及微重力资源及空间太阳能资源；地外天体的物质资源包括月球资源、小行星资源和火星资源。

俗话说“站得高才能看得远”，用这句话引出太空高位置资源再合适不过了。把航天器发射到环绕地球的轨道上，就可以对整个地球进行全方位的观测。由此衍生出许多类型的应用卫星，如通信卫星、气象卫星和遥感卫星等。

在环绕地球运行的各类航天器内，由于地球对物体的引力正好等于航天器作圆周运动所需要的向心力，因此，在航天器内的物体处于微重力环境下。利用微重力环境，人类可以开展多学科的科学试验。

在稠密的大气层外，环绕地球的轨道上，太阳辐射密度为 1.4 千瓦 / 米^2，如果在这个高度架设太阳能电池板，可以极大地提高能量收集效率，高效地利用太阳能。

从目前人类获得的知识来看，月球、小行星、彗星和类地行星上都含有丰富的矿物资源。例如，月球上有丰富的氧、硅、钛、锰和铝等元素以及地球上稀缺的、“清洁”的核发电材料氦 3；金属型小行星上有丰富的铁、镍、铜等金属，有的还有金、铂等贵金属和珍贵的稀土元素；彗星上有丰富的水冰。

总之，人类可以开发利用的太空资源是非常丰富的，而目前只利用了其中很少的一部分。随着空间技术的发展，大规模地开发和利用太空资源将是空间技术发展的一个重要方向。

▼ 典型的太空资源开发利用情景

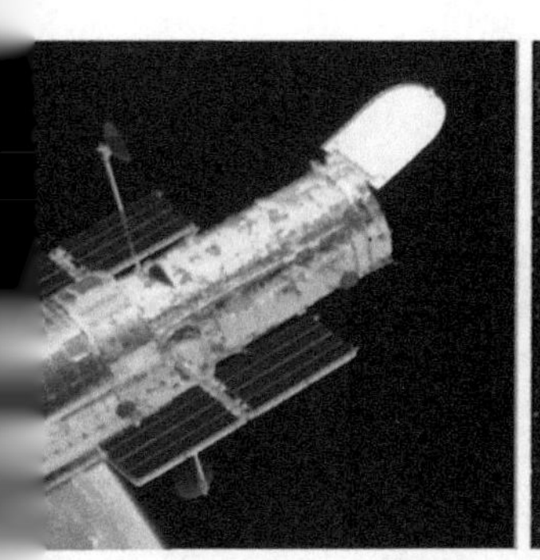

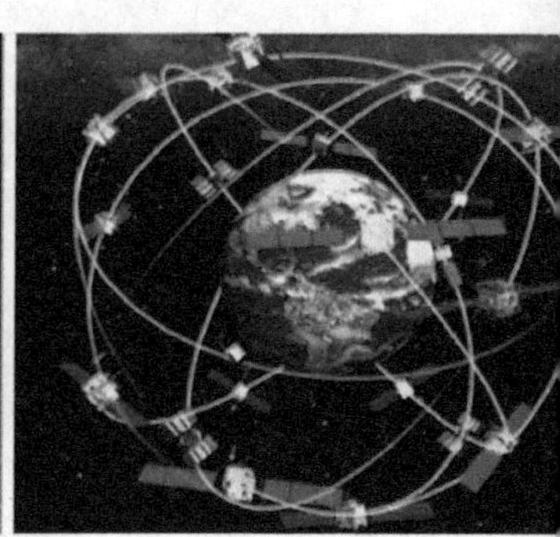

第1章

气象卫星

气象卫星是一种携带各种大气遥感仪器，能从太空对大气层的气象条件进行观测的卫星。气象卫星分为太阳同步轨道气象卫星（如风云3号气象卫星）和地球同步轨道气象卫星（如风云2号气象卫星）。

本页图为气象卫星拍摄的台风眼。

气象卫星的类型

从探空气球到气象卫星

俗话说，天有不测风云。这句话形象地概括了气象预报的难度。在人类进入太空时代以前，这句话是正确的，但在气象卫星发射成功以后，这句话就成为了历史。

长期以来，人类一直用探空气球来测量天气要素，如温度、湿度和压强等。这种方法虽然能测量高度在 10 千米以下的天气参数，但其数据都是局部参数，覆盖的面积小，同时限于财力、物力，测量点也不可能设置过密。因此，探空气球并不能及时获得风云变幻的准确信息。气象卫星是一种携带各种大气遥感仪器，能从太空对大气层的气象参数进行观测的卫星。1960 年 4 月 1 日，美国国家航空航天局（NASA）成功地发射了世界上第一颗气象卫星。目前世界各国已发射了 130 多颗气象卫星，它们昼夜不断地向地面发回全球各个地区的气象资料。用卫星来观测地球表面和大气已经成为当今气象观测的最重要的手段，也是气象事业现代化的重要标志。

气象卫星从外层空间观测地球表面和大气层，它居高临下，观测区域宽广，观测的频次高，可对地面进行大范围的动态观测。

气象卫星大致可以分为两大类：太阳同步轨道气象卫星和地球同步轨道气象卫星。太阳同步轨道气象卫星每隔 12 小时就可以获得一份全球的气象资料。地球同步轨道气象卫星轨道平面与地球的赤道平面重合，其观测范围为 162 个纬度跨度，从南纬 81° 到北纬 81°，每 30 分钟就能获得地球近 1/4 面积的气象图片。

气象卫星能观测的天气要素很多，目前其主要观测内容包括以下方面：

● 拍摄大气中的云层分布，将这些信号通过转发器发送到地球，制成卫星云图，包括彩色云图、红外云图和水汽云图。

● 云顶状况，包括云顶温度、云量和云内凝结物相位的观测。

● 陆地表面状况的观测（如冰雪和风沙），以及海洋表面状况的观测（如海洋表面温度、海冰和洋流等）。

● 大气中水汽总量、湿度的分布及降水区和降水量的分布。

● 大气中臭氧的含量及其分布。

● 太阳的入射辐射、地球大气层对太阳辐射的总反射率，以及地气体系向太空的红外辐射。

● 空间环境状况的监测，如太阳发射的带电粒子与 X 射线通量。

这些观测内容有助于我们及时掌握天气系统的状态和变化趋势，为准确地进行天气预报打下基础。

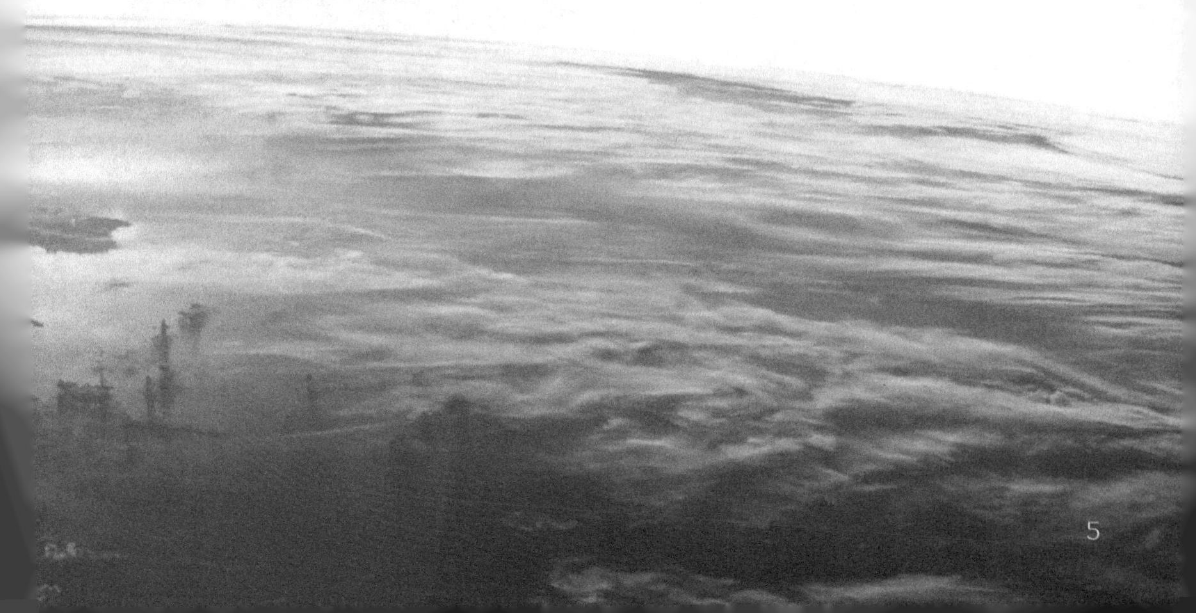

太阳同步轨道气象卫星

太阳同步轨道气象卫星，一般在离地面 700 ~ 1000 千米的轨道上运行，它的轨道通过地球的南北极，而且与太阳同步，也就是说，它们每天在固定时间两次飞越地球表面上的同一个点。美国目前在轨运行的太阳同步轨道气象卫星有 NOAA 第五代、国防气象卫星（DMSP）第五代，中国在轨运行的是风云 3 号。

▼ NOAA-18 卫星

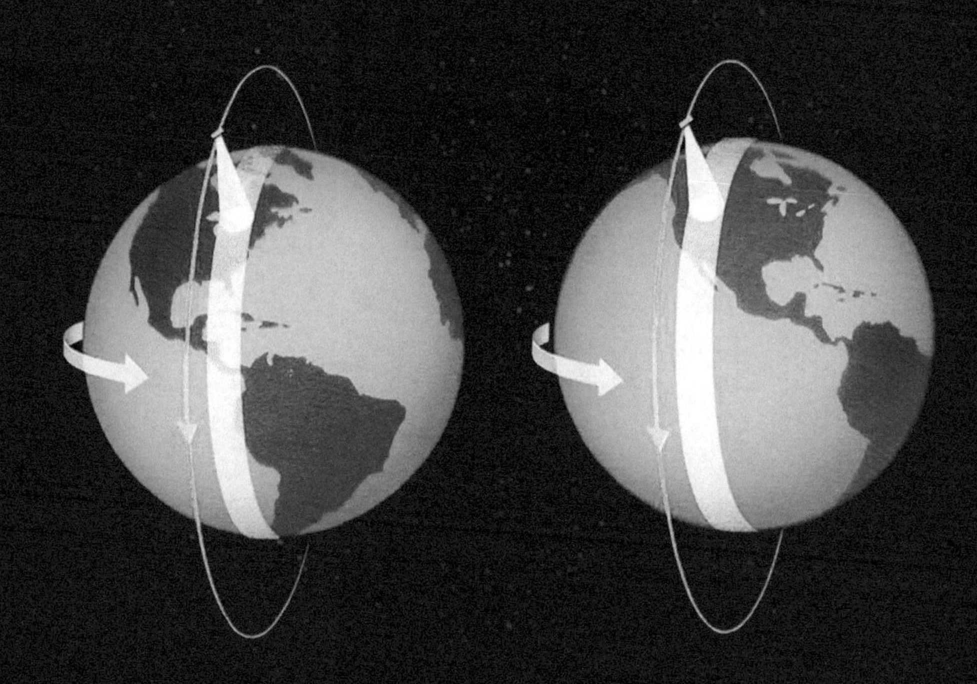

▲ 太阳同步轨道气象卫星

NOAA 卫星是由美国国家海洋与大气管理局控管的太阳同步轨道气象卫星，目前发展至第五代。NOAA 第五代由 NOAA-K、NOAA-L、NOAA-M、NOAA-N、NOAA-N′五颗卫星组成，其中 NOAA-L、NOAA-M、NOAA-N 已分别于 2000 年 9 月 21 日、2002 年 6 月 24 日和 2005 年 5 月 20 日发射。NOAA 卫星主要用来进行以下方面的监测和预报：1 ～ 7 天的天气预报，其预报参数包括气温、湿度、降水、风速和风向等；云盖、臭氧、沙尘暴和化学尘埃的临近预报；土壤植被、湿度、冰雪覆盖、火情和水情等的监测。NOAA 卫星系统采用双星运行体制。

太阳同步轨道气象卫星有以下优点：

● 由于地球从西向东自转，因此在卫星穿过南北极运行时，卫星可以观测到全球的云图。

● 由于轨道比较低（相对于地球同步轨道），云图的分辨率相对比较高。目前，世界上分辨率最高的气象卫星是美国的国防气象卫星，它的飞行高度是 830 千米，空间分辨率是 0.6 千米。

地球同步轨道气象卫星

地球同步轨道是位于地球赤道上方、高度为 35786 千米的轨道，在该轨道上的卫星运行周期与地球自转周期相等。因此，从地面上看卫星在天上的位置是固定不变的。采用地球同步轨道的气象卫星，我们称为地球同步轨道气象卫星，它可以不断地向地面输送地球表面某个地区的可见光和红外线图片。

地球静止环境业务卫星（GOES）系列是美国唯一的地球同步轨道气象卫星系列。自 1975 年以来，GOES 系列经历了三代，共发射了 15 颗卫星，目前在轨运行的有 GOES-12、GOES-13、GOES-14 和 GOES-15，最近的一次发射是在 2010 年 3 月 4 日。

▼ GOES-15

GOES 系列采用双星运行体制，分别定点在西经 75° 和西经 135° 的赤道上空，覆盖范围为西经 20° 至东经 165°，GOES 每天 24 小时连续对西半球上空进行气象观测，还能收集和转发数据收集平台的气象观测数据，其主要用途是进行灾害性天气（如旋风、水灾、风暴、雷暴和飓风等）的短期警报以及雾、降水、雪覆盖和冰盖运动的监测。

中国的气象卫星

风云3号气象卫星

风云3号气象卫星（简称风云3号）是对地球进行综合遥感探测的卫星，是我国第二代太阳同步轨道气象卫星，可在一个空间平台上，用多种探测手段，同步进行探测，能够较好地满足气象观测的需要。其目标是获取地球表面和大气环境的全球、全天候、多光谱、三维、定量的遥感资料。其主要任务是：发布天气预报，特别是中期数值天气预报，提供全球的温度、湿度、云图和辐射等气象参数；监测大范围自然灾害和生态环境；研究全球环境变化，探索全球气候变化规律，并为气候诊断和预测提供所需的地球物理参数；为军事气象和航空、航海等专业气象服务，提供地区甚至全球的气象信息。

◄ 2013年8月6至7日
时速110千米的飓风

风云3号的轨道设计高度为836千米的太阳同步轨道。为了实现卫星综合遥感探测，其上搭载了12台套遥感仪器，包括可见光、红外扫描辐射计，红外分光计，微波温度计，微波湿度计，微波成像仪，中分辨率光谱成像仪，紫外臭氧垂直探测仪，紫外臭氧总量探测仪，地球辐射探测仪，太阳辐射测量仪，空间环境监测仪器包，以及全球导航卫星掩星探测仪。

风云3号的遥感器具有宽视场（视场：天文学术语，指能看到的天空范围）、较高空间分辨率、高时效的特点。天气变化的时间尺度从几分钟到数年。太阳同步轨道气象卫星主要为中期数值天气预报和气候预测的分析演算提供初始数值，需要每天获得4次以上全球气象资料。而目前一颗太阳同步轨道气象卫星每天可获得2次全球资料。国际气象卫星组织（WMO）已在协调中国、美国、欧洲新一代太阳同步轨道气象卫星组网工作，以解决这一问题。

风云3号观测资料和产品的主要用户为气象、海洋、农业、林业、环保、水利、交通、航空、军事等部门，这些资料被广泛应用于天气预报、气候预测、灾害监测、环境监测、军事活动气象保障、航天发射保障等重要领域，特别是在台风、暴雨、大雾、沙尘暴、森林草原火灾等监测预警中发挥了重要作用，并为各级政府部门提供了准确的决策信息，增强了我国防灾减灾和应对气候变化的能力。

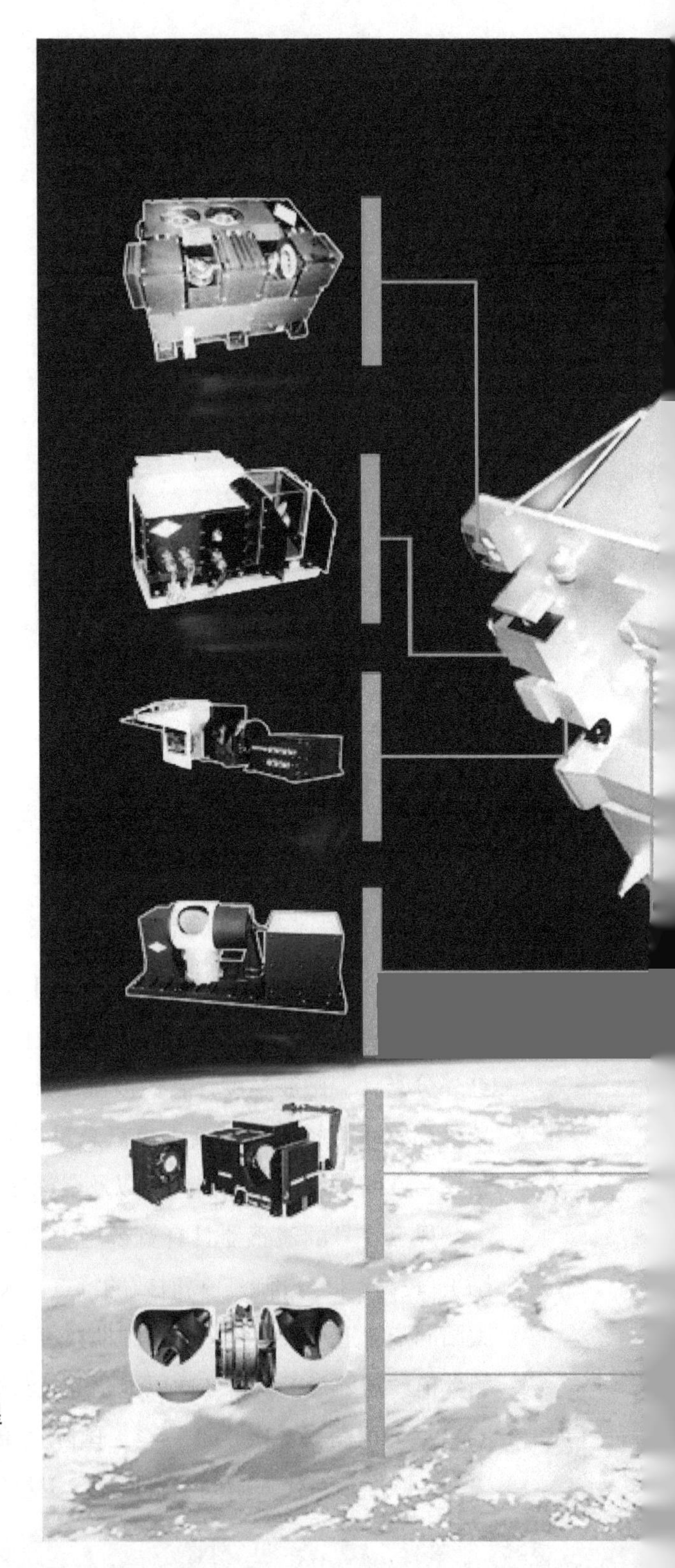

▶ 风云3号气象卫星

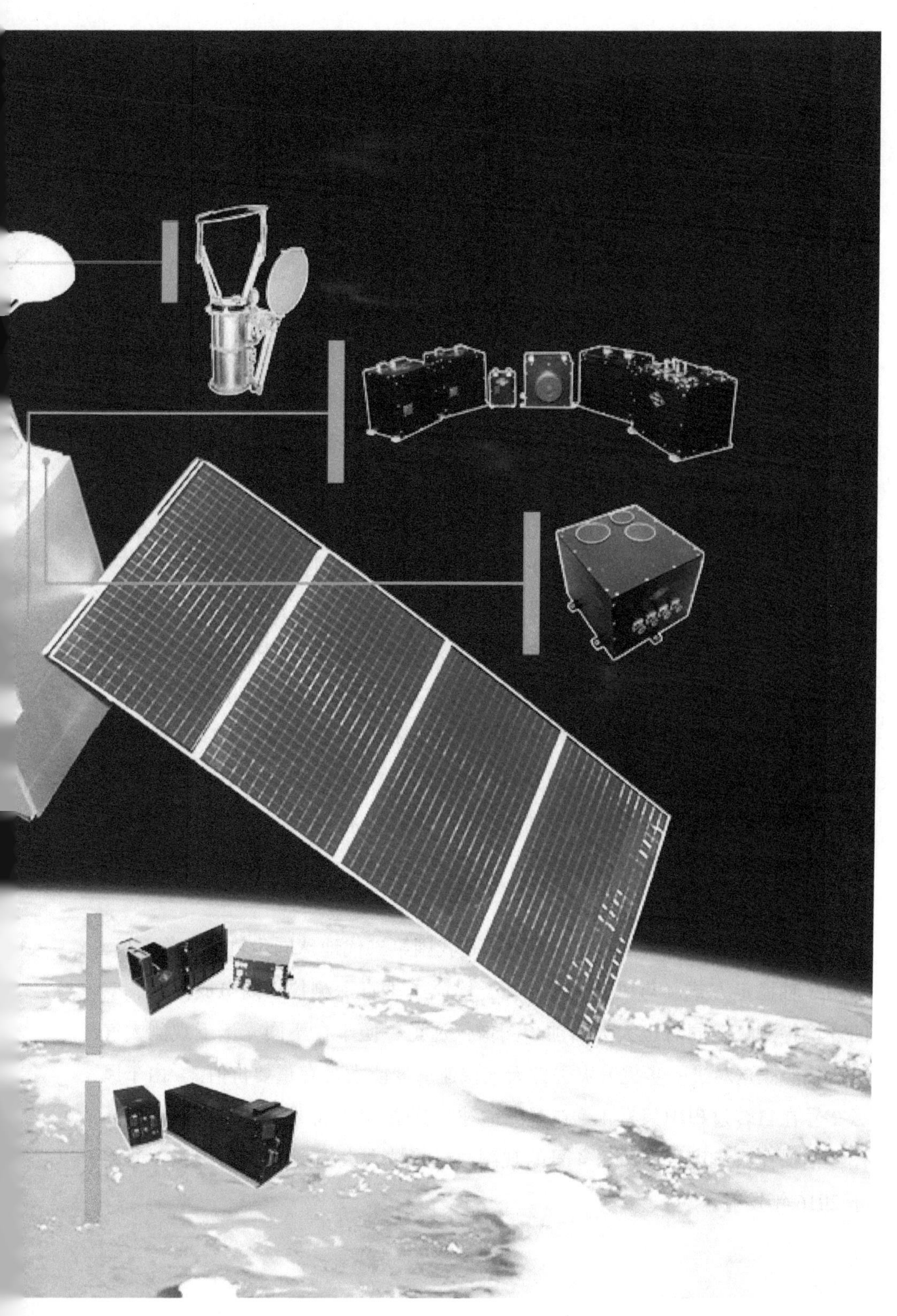

风云 2 号气象卫星

风云 2 号气象卫星（简称风云 2 号）是我国自行研制的第一代地球同步轨道气象卫星，与太阳同步轨道气象卫星相辅相成，构成了我国气象卫星应用体系。风云 2 号的作用是获取白天可见光云图、昼夜红外云图和水汽分布图，进行天气图传真广播，供国内外气象资料利用站接收并使用；收集气象、水文和海洋等数据收集平台的气象监测数据；监测太阳活动和卫星所处轨道的空间环境，为卫星工程和空间环境科学研究提供监测数据。风云 2 号的监测越来越成为天气分析、预报服务中必不可少的监测手段。

风云 2 号具有下列技术特点：①地球同步轨道观测技术。风云 2 号载有的观测仪器可以对地球进行同步拍照。②稳定的业务运行。我们要求气象卫星的观测是连续的，卫星一旦停止工作，就会给天气预报、灾害监测造成严重影响，风云 2 号的星地系统实现了连续运行。③多通道工作。风云 2 号载有 5 个通道（1 个可见光、4 个红外和水汽光谱特性通道）扫描辐射计。利用可见光通道，可以得到白天云和地表反射的太阳辐射信息；利用红外通道，可以得到昼夜云和地表发射的红外辐射信息；利用水汽通道，可以得到对流层中上部大气的水汽分布信息。④双星观测策略。两颗定点于不同经度位置的卫星同时进行业务观测，在精确定位的基础上，将重叠区域中各像元对应的双星观测数据以及生成的图像和定量产品叠加在一起，可提高图像的时间分辨率。

目前，正在研制风云 4 号气象卫星是我国第二代地球同步轨道气象卫星，采用三轴稳定方式，与风云 2 号相比，增添了垂直探测仪、闪电成像仪、空间环境检测仪，同时也大大增加了图像仪通道，便于在不同光谱下观测大气进行拍照。这对进一步提升灾害性天气快速应变能力具有重要价值。由于风云 2 号在自转过程中只有 18° 在观测地球，其余 342° 都是在空转，所以提高图像信噪比有难度。而风云 4 号的观测质量将被大大提高。预计风云 4 号将于 2016 年发射。

▲ 全球云图

第2章 空间对地观测卫星

本章重点介绍空间对地观测卫星，包括陆地资源卫星、海洋卫星、侦察卫星。

本页图为法国SPOT-5卫星。

陆地资源卫星

陆地资源卫星的类型

陆地资源卫星是用于勘测和研究地球自然资源的卫星，它采用遥感技术，能做很多事情：能发现人们肉眼看不到的地下宝藏、历史古迹、地层结构；能普查矿藏、作物、森林、海洋、空气等资源；能监测和预报各种严重的自然灾害。

根据所采用遥感技术的方式不同，陆地资源卫星可分为光学遥感卫星和雷达卫星两种类型。光学遥感卫星利用多光谱遥感设备，获取地面物体辐射或反射的多种波段电磁波信息，包括可见光与红外线，然后把这些信息发送给地面站。由于每种物体在不同光谱频段下的反射不一样，地面站接收到卫

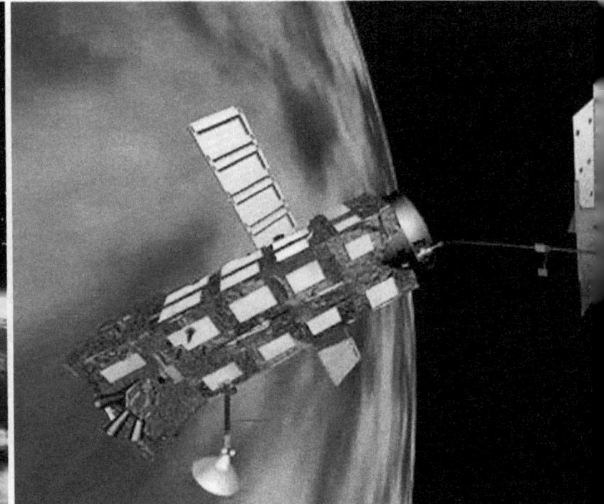

星信号后，可以根据所掌握的各类物质的波谱特性，对这些信息进行处理，从而得到各类资源的特征、状态和分布等详细资料。这种方式也被称为被动遥感。雷达卫星通过卫星携带的合成孔径雷达（空间分辨率非常高的一种雷达），向地面发射电磁波，然后接收来自地面的反射波。通过分析这些电磁波的特性，确定地球表面或一定深度下的资源分布特征。

世界上第一颗陆地资源卫星是美国于 1972 年 7 月 23 日发射的陆地 1 号卫星。它采用近圆形太阳同步轨道，距地球 920 千米，每天绕地球 14 圈。卫星上的摄像设备不断地拍下地球表面的情况，每幅图像可覆盖地面近 2 万平方千米，是航空摄影的 140 倍。陆地 1 号卫星的发射成功使世界各国认识到通过陆地资源卫星探寻、开发、利用和管理地球资源是一种非常有效的手段，于是纷纷开始研制自己的陆地资源卫星。在美国之后，俄罗斯、法国、印度、日本、中国、加拿大等国的陆地资源卫星也先后进入太空，目前正在太空中运行的各种陆地资源卫星共有 30 多颗。

按照管理模式的不同，陆地资源卫星又可分为公益性资源卫星和商业性资源卫星两大类。公益性资源卫星一般由政府机构管理，世界各国研制成功的资源卫星大部分都属于这种类型。商业性资源卫星又称商用遥感小卫星，一般由商业公司管理，主要业务是出售遥感图像。这类卫星的遥感图像质量都比较高，最高分辨率已经达到 0.4 米，与军事侦察卫星的水平相当。

▼ 陆地资源卫星一瞥

光学遥感卫星

光学遥感卫星携带的仪器主要有可见光摄像机和红外遥感部件。摄像机拍摄的图片有彩色的，也有黑白的，一般后者的空间分辨率更高。摄像机利用前后左右重叠的立体摄像对，可以获取地面的高程（高程指的是某点沿铅垂线方向到绝对基面的距离）数据和高精度的空间定位数据，满足地形图测绘的要求。

光学遥感卫星普遍采用太阳同步轨道，它的近地点约 905 千米，远地点约 918 千米，所以轨道是近于圆形的；每 103 分钟它就由北向南，再由南向北围绕地球一周，一天要转 14 圈。因为地球是自转的，在 103 分钟内向东转 25.8°，这就相当于卫星向西跑了 25.8°。那么，25.8° 有多远呢？地球的赤道周长是 40075.24 千米，也就是说，每隔 103 分钟，卫星就要在上一条轨道以西 2872 千米处（指赤道附近，接近两极时两条轨道的距离当然要缩短）拍照。在这段时间内，太阳由东向西也移动了 25.8°，卫星的轨道移动的距离正好与太阳相一致。按照设计，卫星通过赤道的时间都是当地时间上午 9 点 30 分，这正是阳光最柔和、最适合拍摄的时间。光学遥感卫星每 18 天，即转 252 圈以后，就把地球的各个部分都拍摄完毕，然后再从第一条轨道开始工作，再每隔 18 天就可以得到同一地区的相片。

目前在轨的典型光学遥感卫星有美国的陆地卫星 7 号、法国的 SPOT-5 卫星、欧洲空间局（ESA）的 ERS-2 卫星、中巴合作地球资源卫星（CBERS）等。资源 3 号卫星（ZY-3，2012 年 1 月 9 日成功发射）是我国首颗民用高分辨率光学传输型立体测绘卫星，卫星集测绘与资源调查功能于一体，体现了与中巴合作地球资源卫星 02B 卫星（CBERS-02B，现已退役）的连续性。资源 3 号卫星上搭载的前、后、正视照相机可以获取同一地区 3 个不同观测角度的立体像对，能够提供丰富的三维几何信息，填补了我国立体测图这一领域的空白，具有里程碑意义。

▲ 美国陆地卫星 7 号

▲ 中巴合作地球资源卫星

雷达卫星

雷达的工作原理很简单，它首先发射电磁波，然后接收来自目标的反射波，通过对反射波的分析，就可以知道目标的位置、运动速度以及目标的特性。如果在卫星上放置雷达，那么这颗卫星就是雷达卫星。一般雷达的空间分辨率比较低，人们后来研制了一种新型雷达，称为合成孔径雷达。目前雷达卫星携带的都是合成孔径雷达。

与传统的光学遥感器相比，合成孔径雷达的特点主要表现在以下几个方面：①保证全天工作不间断；②穿透力强，能看到地面一定深度或伪装物下面

的目标；③采用侧视方式，一次成像，面积大、成本低；④能获取其他遥感系统所难见到的断层，有利于研究地表构造和预测新矿源；⑤分辨率高且不受平台高度或距离的影响，这点对于几百乃至上千千米高的卫星遥感系统尤为重要。

雷达卫星在民用和军事方面都大有用武之地。在民用方面可用于测图、农作物监测、自然灾害监测、海洋与冰层观测、地球资源探测等，还可用于分析全球变化规律及相互作用关系，如碳循环，水平衡等。在军事方面可用于目标区地形图的测绘与更新，为军事地理信息系统提供重要的数据源；合成孔径雷达穿透掩盖物及识别伪装能力强的特点，在战场上可用于探测隐蔽的装备和烟雾笼罩区的目标。

▼ 加拿大雷达卫星 2 号

商用遥感小卫星

由于空间分辨率高、识别地物能力强、信息准确等因素，高分辨率遥感卫星影像受到各国的重视。长期以来，高分辨率遥感卫星多用于军事目的，但其巨大的商业价值对许多商业公司产生了强烈的吸引力。1994 年，美国颁布 PDD–23 号令，开启了高分辨率遥感卫星数据商业化的新时代；进入 21 世纪，全世界 20 多个国家和地区的政府机构及私营企业每年投入巨额资金，用于发展和经营地球观测卫星，使高分辨率商业遥感卫星进入新的发展阶段。

1999 年 9 月 24 日，美国艾科诺斯（IKONOS）卫星发射升空，标志着完全商业化的高分辨率遥感卫星的发展进入高潮。此后，美国、以色列、法国、德国和俄罗斯等国的一批高分辨率遥感卫星相继升空。这些卫星的分辨率很高，尽管是商业卫星，但也承担了诸多军事监视和侦察任务。近几年来，卫星遥感数据市场的成交量以平均每年 20% 以上的速度增长，已成为继通信卫星后的第二大应用领域。

美国有多家从事商业遥感活动的公司，其中实力较强的有太空成像公司（Space Image）、数字全球公司（Digital Globe）和轨道成像公司（Orbimage）等。这些公司有着共同的特点：拥有航天背景；拥有与卫星照相相同的技术和方法；拥有成熟的数字数据文档；有多国合作伙伴；在市场上出售高分辨率数字图像信息产品。

SPOT 系列卫星是法国空间研究中心研制的一种地球观测卫星系统。为实现 SPOT 系列卫星的商业化运行，法国于 1982 年创建了斯波特图像公司（SPOT Image），奠定了 SPOT 系列卫星图像商业化的基础。

为满足商业对地观测需求，加拿大和德国于 1998 年成立了基于快眼卫星（Rapid Eye）的地理信息业务公司——快眼公司。快眼卫星是第一颗提供红外频段数据的商业卫星。

俄罗斯继承了苏联的航天工业，在卫星遥感技术上居于世界领先地位。虽然高分辨率（尤其是优于1米）遥感卫星图片被俄罗斯视为国家机密，但为了争夺遥感卫星数据服务市场的份额，俄罗斯还是研制了多种遥感卫星加入竞争。2006年俄罗斯发射了民用高分辨率遥感卫星资源-DK1，提供商业图像服务。

下面介绍4种典型的商用遥感小卫星。

艾科诺斯卫星是全球首颗高分辨率商业遥感卫星，属于美国太空成像公司，1999年4月27日IKONOS-1发射失败，9月24日，IKONOS-2发射成功，并于10月12日成功返回第一幅影像。当IKONOS-2在681千米的高度飞行时，其重访周期为3天，其星下点的地面分辨率在全色波段时最高可达0.82米，多光谱可达3.28米，扫描宽度约为11千米。

▼ 艾科诺斯卫星

快鸟卫星是高分辨率商业地球观测卫星，属于美国数字全球公司，于 2001 年 10 月发射。其黑白图像的分辨率为 0.6 米，多光谱成像的分辨率

▼ 快鸟卫星

为 2.4 ～2.8 米。

世界观测 2 号卫星（World View-2）是商业地球观测卫星，属于数字全球公司。其全景成像的分辨率为 0.46 米，多光谱成像的

◀ 世界观测 2 号卫星

▶ 昴宿星

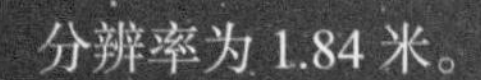

分辨率为 1.84 米。

法国的昴宿星（Pleiades）于 2011 年 12 月 17 日发射，是军民两用光学成像卫星，分辨率达 0.5 米，扫描宽度为 20 千米。

海洋卫星

海洋卫星的用途

海洋卫星是地球观测卫星中的一个重要分支，是在气象卫星和陆地资源卫星的基础上发展起来的，属于高档次的地球观测卫星，包括军用海洋监视卫星、综合性的海洋观测卫星、各种专用的海洋学研究卫星等。利用海洋卫星可以经济、方便地对大面积海域实现实时、连续的监测。

海洋卫星的主要用途如下。

● 维护海洋权。海洋卫星为海洋专属经济区综合管理和维护国家海洋权益服务。

● 海洋监测。我国地处西北太平洋西岸，该海域是全世界 38% 热带风暴的发源地，我国深受其害。海洋卫星提高了海洋环境监测预报能力。

● 资源调查。海洋资源主要是海洋油气、海洋渔业和海岸带资源。我国 40 多个近海渔场普遍出现衰竭现象，迫切需要发展远洋渔业。海洋卫星可为海洋资源调查与开发服务。

● 军事保障。人造卫星及中、远程导弹发射后，弹道轨道的计算必须以全球大地水准面、重力场为基本参量。此外，实时的海况、流场、海面风速资料对海军水下舰艇的作战与航行意义重大，这些资料是常规方法无法获得的。海洋卫星可用于加强海洋军事活动保障。

● 环境监测。海洋卫星有利于实施海洋污染监测、监视，保护海洋自然环境资源。

● 灾害预测。海洋卫星有利于加强全球气候演变研究，提高对灾害性气候的预测能力。

海洋卫星发展历程

海洋卫星的发展历程大致可分为三个阶段：

- 探索试验阶段（1970—1978 年），在该阶段主要研究载人飞船搭载试验和利用气象卫星、陆地资源卫星探测海洋；
- 试验阶段（1978—1985 年），在该阶段美国发射了 1 颗海洋卫星（Seasat-A）和 1 颗雨云卫星（Nimbus-7），这两颗卫星皆属于试验性质；
- 应用阶段（1985 年至今），在该阶段世界上发射了多颗海洋卫星，还在其他种类的卫星上搭载了海洋探测器。

◀ Seasat-A

海洋卫星的类型

海洋卫星按用途可分为海洋水色卫星、海洋动力环境卫星和海洋地形卫星：

● 海洋水色卫星。主要用于探测海洋水色要素，如叶绿素浓度、悬浮泥沙含量、有色可溶有机物等。此外，也可获得浅海水下地形、海冰、海水污染以及海流等有价值的信息。能研制和发射海洋水色卫星的国家有中国、美国、俄罗斯、印度、韩国等。1997年8月1日，NASA发射了世界上第一颗专用海洋水色卫星SeaStar。美国计划自SeaStar起，进行20年时序全球海洋水色遥感资料的连续积累。

● 海洋动力环境卫星。主要用于探测海洋动力环境要素，如海面风场、浪场、流场、海冰等。此外，还可获得海洋污染、浅海水下地形、海平面高度信息。ESA于1991年7月和1995年4月相继发射的ERS-1和ERS-2是这类卫星中最具代表性的。此外，发射海洋动力环境卫星的国家还有美国、俄罗斯、法国。美国的GEOSAT系列卫星具有代表性。

● 海洋地形卫星。主要用于探测海平面高度的空间分布。此外，还可探测海冰、有效波高、海面风速和海流等。1992年8月，美国和法国联合发射TOPEX/Poseidon卫星。卫星上载有一台美国NASA的TOPEX双频高度计和一台法国CNES的Poseidon高度计，用于探测大洋环流、海况、极地海冰，并研究这些因素对全球气候变化的影响。JASON-1卫星是TOPEX/Poseidon的一颗后继卫星，主要任务目标是精确地测量世界海洋地形图。该卫星装有高精度雷达高度计、微波辐射计、DORIS接收机、激光反射器、GPS接收机等，其中雷达高度计测量误差约2.5厘米。未来的JASON-3卫星将要实现高精度海洋地形测量的连续性。

▼ JASON-3 卫星示意图

中国的海洋卫星

中国海洋水色卫星——海洋一号 A（HY-1A）和海洋一号 B（HY-1B）分别于 2002 年 5 月和 2007 年 4 月成功发射；海洋动力环境卫星——海洋二号（HY-2）于 2011 年发射；海洋综合探测卫星——海洋三号（HY-3）也已进入预先研究阶段，预计 2019 年发射。

我国将在 2020 年前发射 8 颗海洋系列卫星（包括 4 颗海洋水色卫星、2 颗海洋动力环境卫星、2 颗海陆雷达卫星），形成对国家全部管辖海域乃至全球海洋水色环境和动力环境遥感监测的能力。

HY-1A 于 2002 年 5 月 15 日在中国太原卫星发射中心成功发射。它是中国第一颗海洋卫星，结束了中国没有海洋卫星的历史，进一步充实了中国航天对地观测体系。HY-1A 在轨稳定运行，使我国有能力对所管辖的近 300 万平方千米海域的水色环境进行大面积、实时和动态监测，并具备对世界各大洋和南北极区的探测能力。HY-1A 的成功运行使中国海洋立体监测体系进一步完善，海洋监测能力得到增强。其获得的数据已逐步在海洋资源开发与管理、海洋环境监测与保护、海洋灾害监测与预报、海洋科学研究、海洋领域的国际与地区合作、南北极科学考察等领域发挥作用。这是中国航天事业和海洋事业取得的一项重大成就，具有十分重大的意义。HY-1B 是 HY-1A 的后续卫星，卫星上载有一台 10 波段的海洋水色扫描仪和一台 4 波段的海岸带成像仪。

HY-2 于 2011 年 8 月 16 日成功发射，这是我国第一颗海洋动力环境卫星。该卫星集主、被动微波遥感器于一体，具有高精度测轨、定轨能力与全天候、全天时、全球探测能力。其主要使命是监测和调查海洋环境，获得包括海面风场、浪高、海流、海面温度等多种海洋动力环境参数，为灾害性海况预警预报提供实测数据，为海洋防灾减灾、海洋权益维护、海洋资源开发、海洋环境保护、海洋科学研究以及国防建设等提供服务。

▼ HY-2

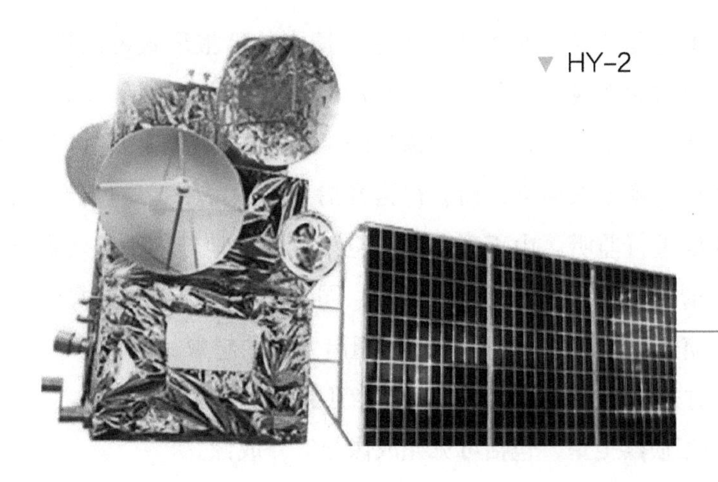

▼ HY-1

侦察卫星

侦察卫星的类型

侦察卫星是用于情报搜集的卫星。搜集的情报形式可以是可见光成像、红外成像或雷达图像，也包括关于政治、经济、社会生活、军事等方面的语音信息。侦察卫星获得各类图像信息的手段与陆地资源卫星的手段相同，只是对空间分辨率要求更高，而获得语音信息的手段则是通过天基与地基网络对各种通信进行监听。由于现在的领空尚未包含地球周围的轨道空域，利用卫星搜集情报避免了侵犯领空的纠纷，同时由于操作高度较高，不易受到攻击。现代侦察卫星的工作范围已远远超出人们的想象，涉及海、陆、空、天。根据侦察方式和侦察目标的不同，侦察卫星可分为以下类型：

● 照相侦察卫星，包括可见光成像与红外成像。

● 雷达卫星，采用主动遥感方式，具有全天时、全天候和一定穿透能力的特点。

● 电子侦察卫星，以收集各类电子信息（包括导弹遥测信号和雷达信号）、通信信号（无线电通信等）为主要目标，其结构特点是天线庞大。

● 导弹预警卫星，包括初始阶段预警和中段预警系统。

● 海洋监视卫星，用于探测、识别、跟踪、定位和监视全球海面舰艇和水下潜艇活动。

● 太空目标监视系统，用于确定太空各类航天器的用途、性能和轨道参数。

● 快速响应卫星，快速制造、快速发射的卫星。

▼ 锁眼 12 侦察卫星是可见光与红外照相侦察卫星，空间分辨率为 15 厘米。

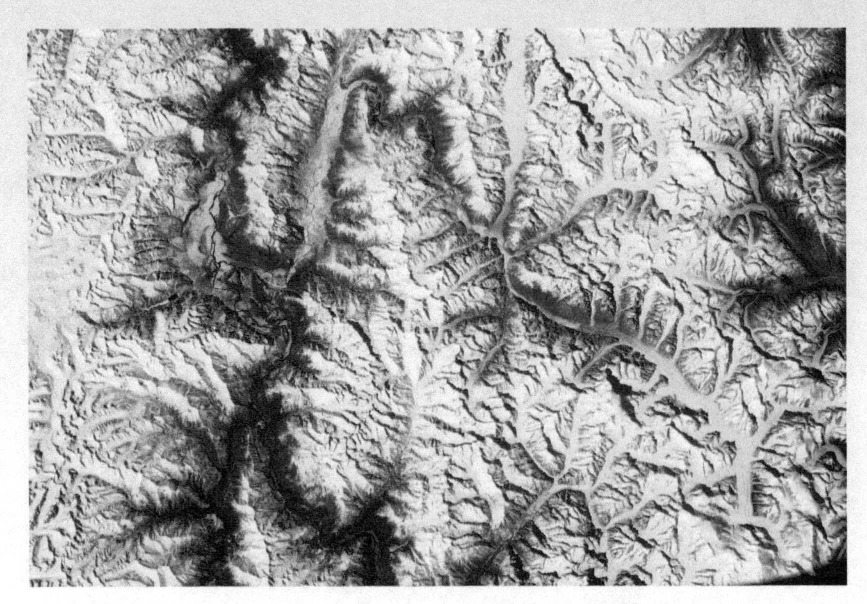

▲ 由航天飞机携带的雷达拍摄的地球表面图形

▼ 由航天飞机雷达获得的哥伦比亚河流域地形

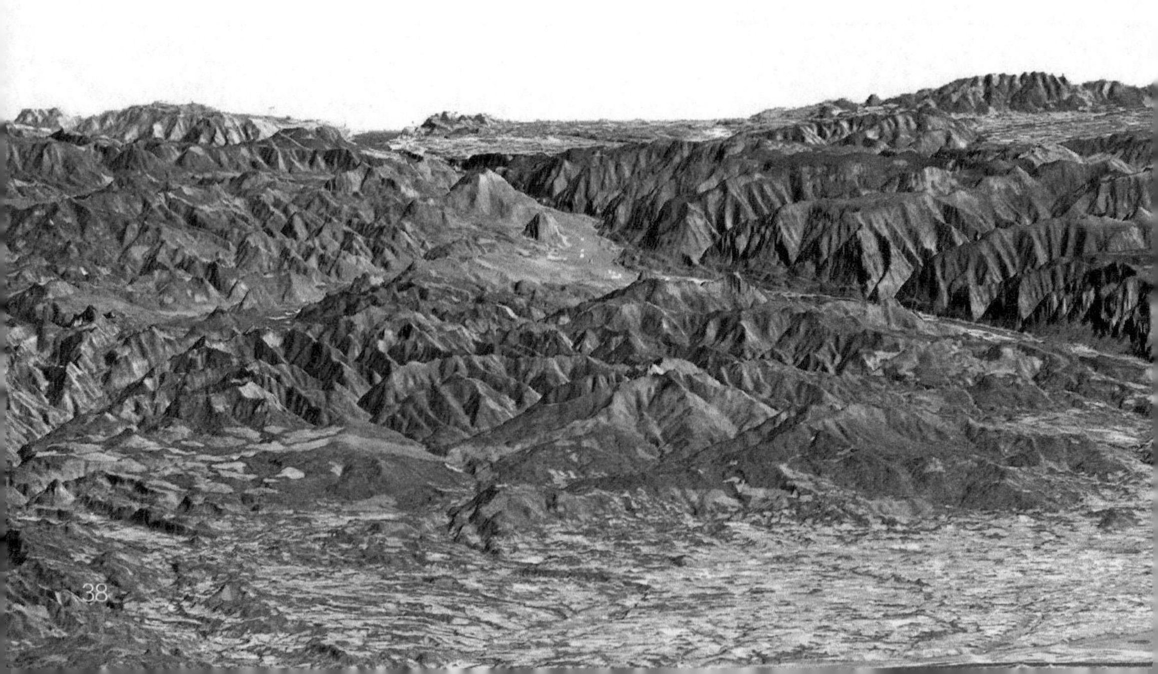

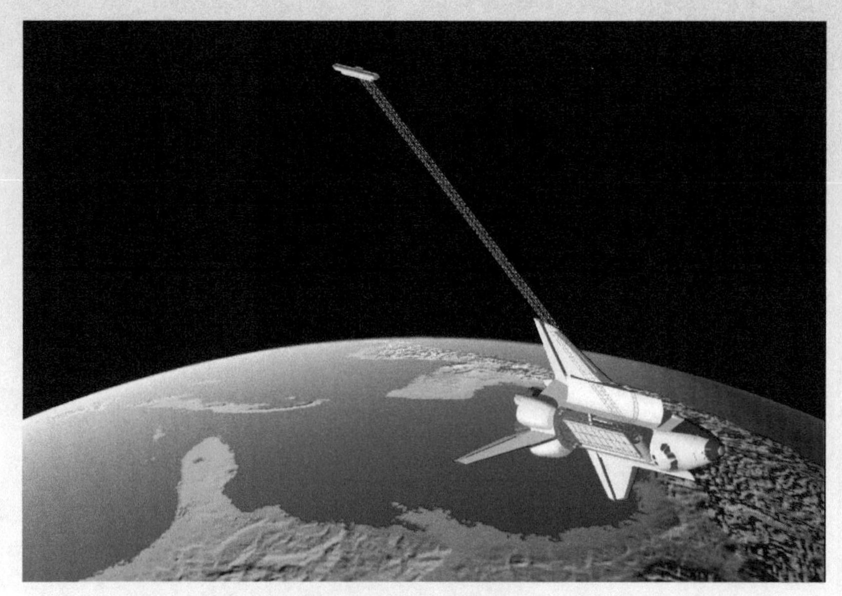

▲ 航天飞机携带的合成孔径雷达对地球表面进行的三维成像观测

▲ 美国海军的海洋监视系统，也称为“白云”系统。

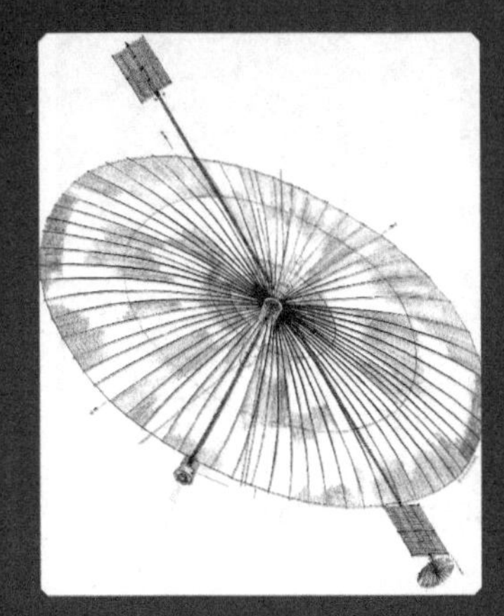

▲ 大酒瓶电子侦察卫星的天线，直径为 100 米。

◀ 快速响应卫星 TacSat-2

◀ 国防支援计划卫星，可以进行目的地导弹预警。

◀ 美国天基空间目标监视系统卫星，主要用于发现、确定和跟踪卫星、反卫星武器及收集空间碎片等多种空间作业。

第3章 通信与导航卫星

通信卫星由转发器、天线、位置与姿态控制系统、跟踪遥测及指令系统、电源分系统组成，其主要作用是转发各地球站信号。导航定位卫星是用于确定待测目标位置的太空卫星。

本页图为伽利略卫星，伽利略定位系统是欧盟正在建造中的卫星定位系统。

现代通信技术的演化

地面无线电通信

早在1899年3月，意大利发明家、无线电通信的奠基人马可尼就成功地实现了横贯英吉利海峡的无线电通信，使通信距离增加到45千米。1901年，马可尼率领一个小组在加拿大纽芬兰的圣约翰斯进行越洋通信试验，使用风筝天线，在12月12日中午，他们收听到从相隔3000千米以外的英国普尔杜横渡大西洋发来的S字母信号，这开辟了无线电远距离通信的新时代。此后，卫星的通信技术得到飞速发展，通信距离不断增加，信号传输质量也不断提高。

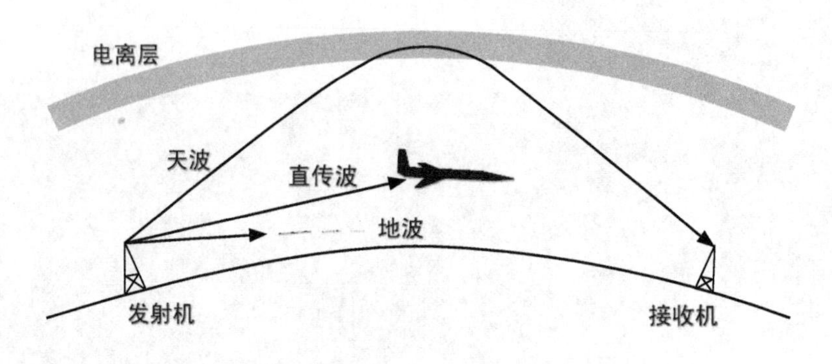

▲ 电磁波传播的简单方式

由于地球表面是弯曲的，通过电磁波直接通信的距离有限，远程信号的传播主要靠地球电离层对电磁波的反射。所谓电离层，是在地球表面大约 60 ～500 千米的大气层，在这个范围内，大气分子被来自太阳的电磁辐射和带电粒子辐射电离，含有大量的离子和自由电子，大气层具有导电性，因此也能反射电磁波。由于电离层是包围整个地球的，所以当从地面斜向发射电磁波时，电磁波会发生反射。经过电离层的反射，电磁波返回到地面。这样，电磁波就可以比在地面直线传播到达更远的目标。而沿地面传播的无线电波在陆地只能传播约 100 千米，在海面能传播大约 300 千米。

地面无线电通信的优点是：发射信号的设备与接收信号的设备成本低，使用广泛；但最大的缺点是：通信质量受电离层状态的影响，当发生太阳耀斑时，太阳会发出比平时强上百倍的 X 射线，使电离层状态发生急剧的变化，无线电通信信号严重衰减，有时通信甚至会完全中断。

将中转站搬到太空

进入太空时代以后，人们就试图将通信的中转站搬到太空，以实现更大距离的通信，卫星通信应运而生。

简单地说，卫星通信就是地球上（包括地面和低层大气中）的无线电通信站间利用卫星作为中继而进行的通信。卫星通信的特点是：通信范围大，只要在卫星发射的电波覆盖的范围内，任何两点之间都可进行通信；可靠性高，不受陆地灾害的影响；开通电路迅速，只要设置地球站，电路即可开通；多址特点，可在多处接收，能经济地实现广播、多址通信；电路设置灵活，可随时分散过于集中的话务量；多址联接，同一信道可用于不同方向或不同区间。

卫星通信系统由通信卫星、地球站、跟踪遥测及指令分系统和监控管理分系统组成。通信卫星由若干个转发器、数副天线、位置与姿态控制系统、跟踪遥测及指令分系统、电源分系统组成，其主要作用是转发各地球站信号；

▲ 电星 1 号

地球站由天线、发射分系统、接受分系统、地面通信设备分系统、终端分系统、通信控制分系统和电源分系统组成。其主要作用是发射和接受用户信号；跟踪遥测及指令分系统用来接收卫星发来的各种数据，然后进行分析处理，再向卫星发出指令，控制卫星的位置、姿态及各部分工作状态；监控管理分系统对在轨卫星的通信性能及参数进行业务开通前的监测和业务开通后的例行监测与控制，以保证通信卫星的正常运行和工作。

1957 年 10 月 4 日，苏联发射了第一颗人造地球卫星，这颗卫星配备了无线电发射机。1962 年 7 月 10 日发射的电星 1 号（Telstar-1）是第一颗人造通信卫星和第一颗用来传送电话和高速数据通信的卫星，运行到 1963 年 2 月 21 日。它在运行期间，首次通过太空转播了电视图像、电话和电传图像完成了跨大西洋电视转播。

1965 年 4 月 6 日，美国成功发射了世界第一颗实用地球同步轨道通信卫星——国际通信卫星 1 号。到目前为止，该型卫星已发展到了第八代。

通信卫星的种类

通信卫星是世界上应用最早、应用最广泛的卫星之一，美国、俄罗斯和中国等众多国家都发射了通信卫星。通信卫星有以下数种分类方法：

● 按轨道的不同分为地球同步轨道通信卫星、中轨道通信卫星和低轨道通信卫星；

● 按服务区域不同分为国际通信卫星、区域通信卫星和国内通信卫星；

● 按用途的不同分为军用通信卫星、民用通信卫星和商业通信卫星；

● 按通信业务种类的不同分为固定通信卫星、移动通信卫星、电视广播卫星、海事通信卫星、跟踪与数据中继卫星；

● 按用途多少的不同分为专用通信卫星和多用途通信卫星。

一颗地球同步轨道通信卫星大约能够覆盖 40% 的地球表面，使覆盖区内的任何地面、海上、空中的通信站能同时相互通信。在赤道上空等间隔分布的 3 颗地球同步轨道通信卫星，可以实现除两极地区外的全球通信。

▼ 各类通信卫星

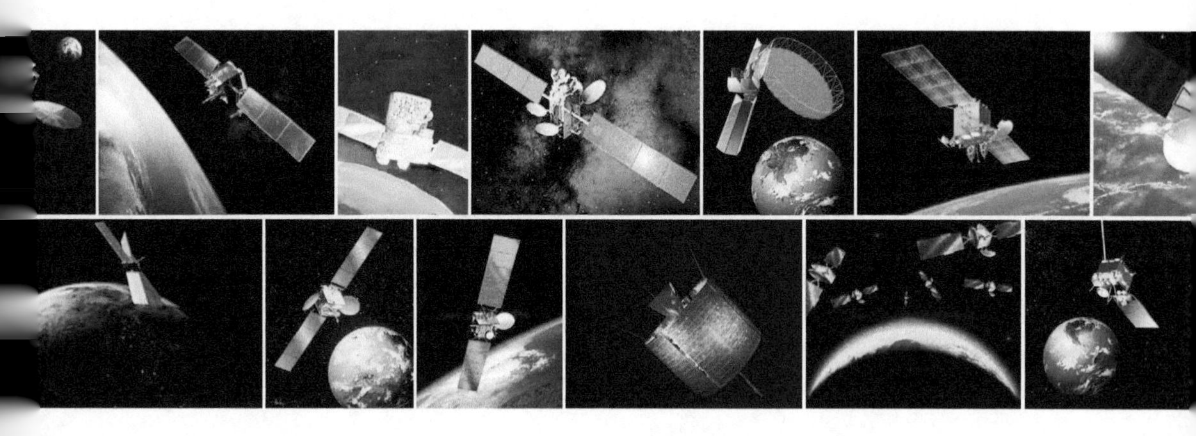

地球同步轨道通信卫星

地球同步轨道通信卫星的特点

地球同步轨道通信卫星主要有两个优点：一是覆盖面大，单颗卫星就可以覆盖地球表面大约40%，这样在赤道上空每隔120°放置一颗卫星，就可以在正、负81°的纬度范围内实现全球通信；二是相对于地球表面固定，地面天线对准后不必转动，不存在跟踪问题。

地球同步轨道通信卫星主要有三个缺点：一是距离地面远，信号弱；二是由于信号的传播路径长，信号有延迟；三是不能覆盖极区。

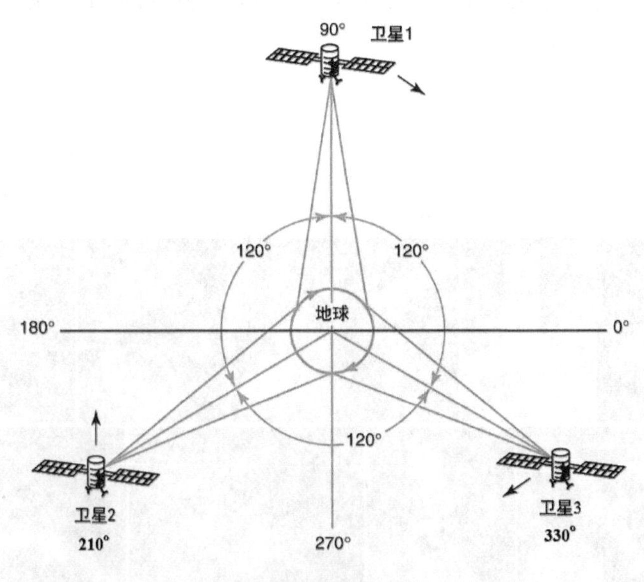

▲ 等间隔放置的3颗卫星

典型的卫星

由于地球同步轨道资源十分紧张，为了有效利用这种资源，目前地球同步轨道卫星正朝着大容量、长寿命的方向发展，并逐步形成了卫星平台系列化和商品化生产。下面列举的就是其中的几个典型卫星平台。

● 中国的东方红 4 号卫星平台：中国空间技术研究院研制的新一代大型通信卫星平台，性能与国际上同类先进卫星平台水平相当，设计寿命 15 年，寿命末期输出功率为 8 ～10 千瓦，承载有效荷载为 600 ～800 千克，适用于大容量通信广播卫星，大型直播卫星，移动通信、远程教育和医疗等公益卫星以及中继卫星等地球同步轨道卫星通信任务。

▲ 东方红 4 号在轨运行及其测试平台

▼ LS-1300 卫星平台

● 美国劳拉公司的 LS-1300 卫星平台：功率为 5 ～25 千瓦，可装载 150 台转发器。

● 美国波音公司的BSS-702卫星平台：卫星寿命末期总功率达17千瓦，可携带1.2吨有效荷载，寿命15年。BSS-702还有多种变形。BSS-702HP是高功率系统，输出功率高达19千瓦。BSS-702SP是相对较小的平台，功率3～8千瓦，主要特征是用等离子体火箭推进，这样就减小了卫星发射时的质量，但有效荷载却被最大化，使用寿命不到15年。

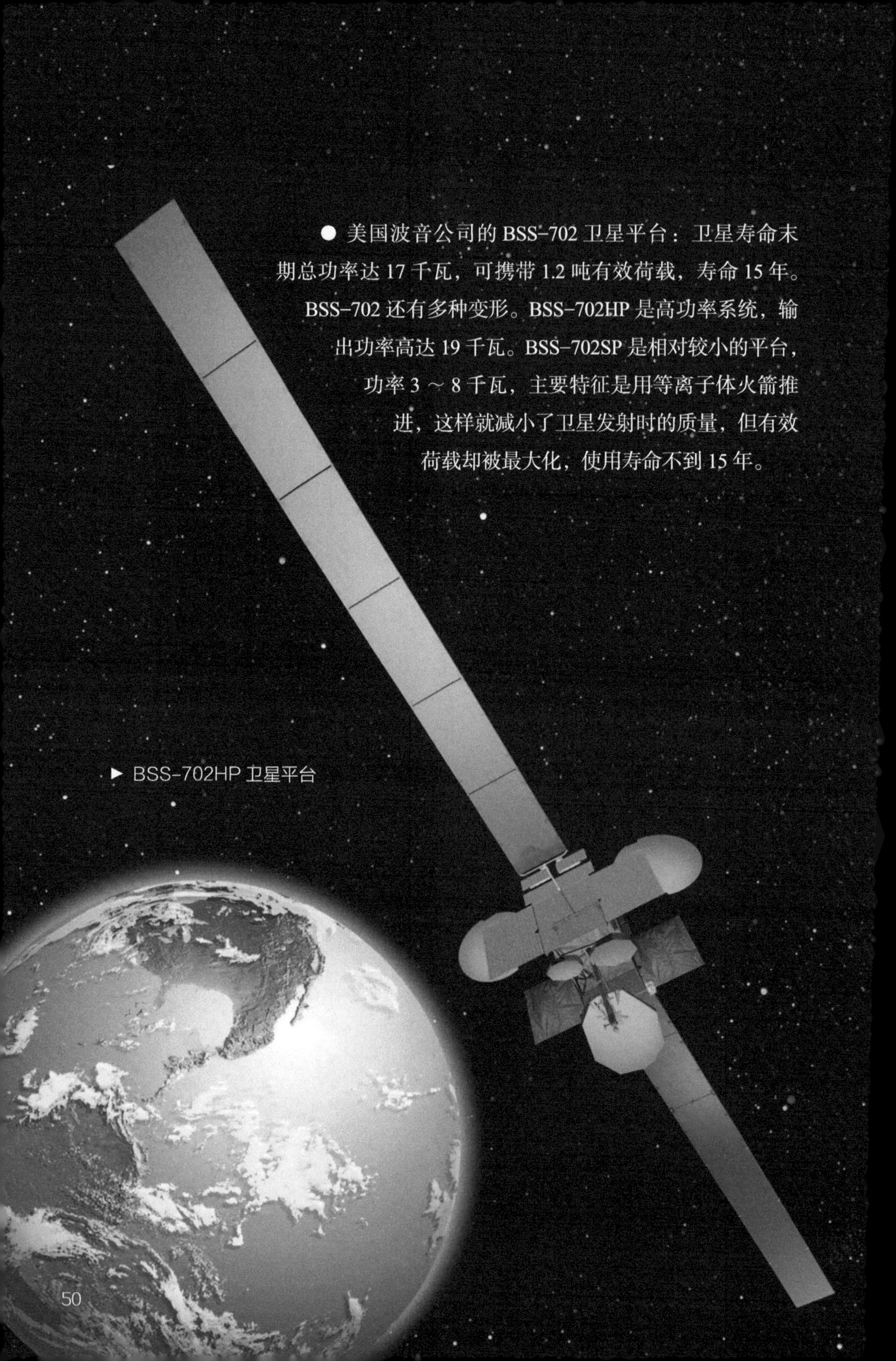

▶ BSS-702HP卫星平台

● 阿尔法卫星平台：质量约 6.65 吨，是欧洲研制的最大、最复杂的通信卫星，也是目前世界最大的卫星平台。该平台可提供功率为 12 ～22 千瓦，最多可带 190 台转发器，等效于 1000 多个电视频道和 20 多万个音频信号频道。

▼ 阿尔法卫星平台

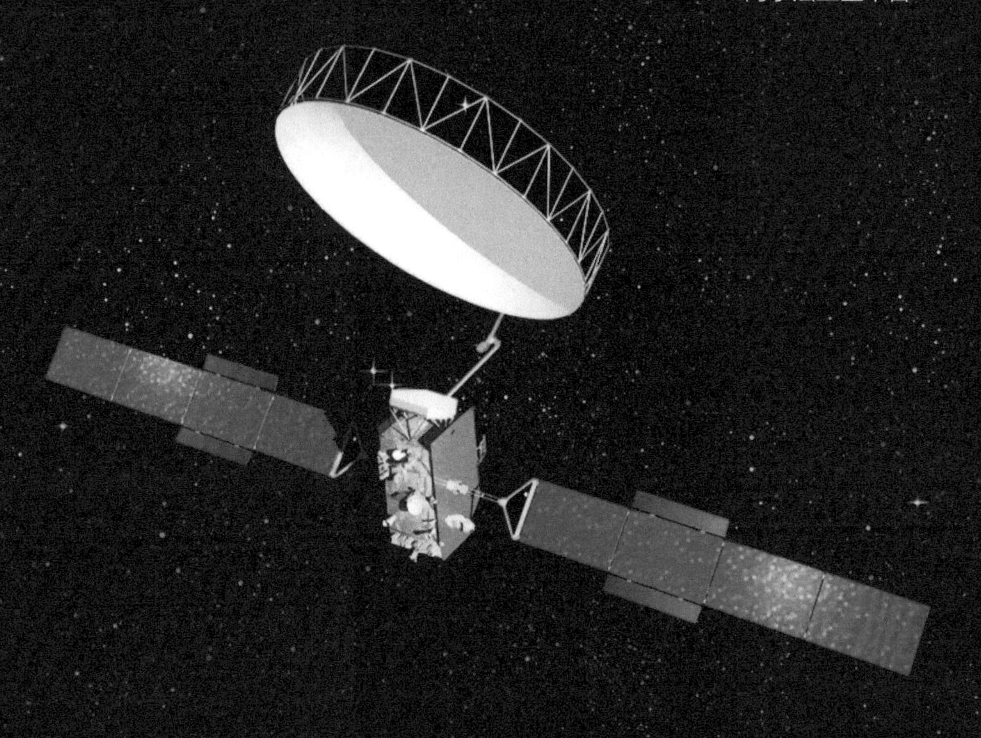

地球同步轨道资源状态

太空资源不是无限的，地球同步轨道资源更是如此，目前在这个轨道上的卫星已相当拥挤。如果见缝插针继续往里加卫星，势必对附近的卫星产生干扰。面对这种情况，国际电信联盟提出了卫星登记制度。在卫星发射前，发射卫星的组织要向国际电信联盟登记卫星的轨道位置和频率。完成轨道位置和频率登记，卫星才可以合法地使用。我国有的卫星先于别国发射，并运行了几年，但由于登记时间晚于别国，轨道位置最后被别国占用。

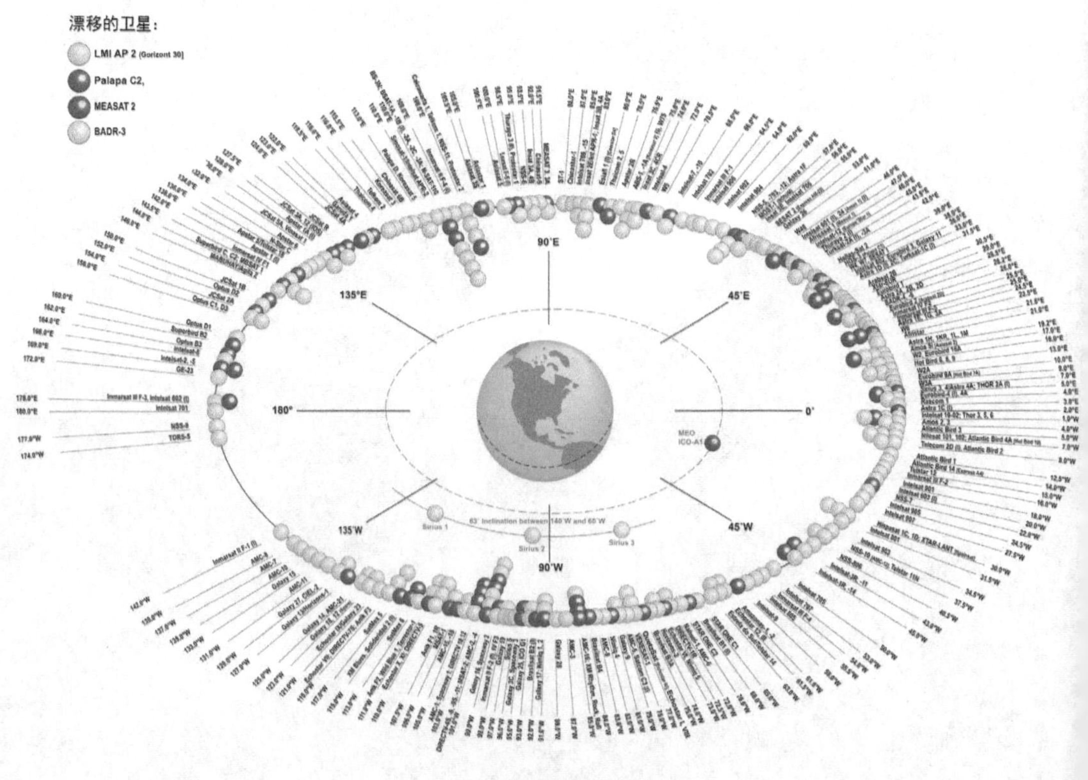

▲ 地球同步轨道上的卫星分布

低轨卫星移动通信系统

低轨卫星移动通信系统的构成

低轨卫星，顾名思义，是指运行在高度较低的轨道上的卫星。低轨卫星移动通信系统由卫星星座、关口地球站、系统控制中心、网络控制中心和用户单元等组成。在若干个轨道平面上布置多颗卫星，由通信链路将多个轨道平面上的卫星联结起来，整个系统如同结构上连成一体的大型平台，在地球表面形成蜂窝状服务区，服务区内用户至少被一颗卫星覆盖，用户可以随时接入系统。

利用低轨卫星实现手持机个人通信的优点是：一方面，卫星的轨道高度

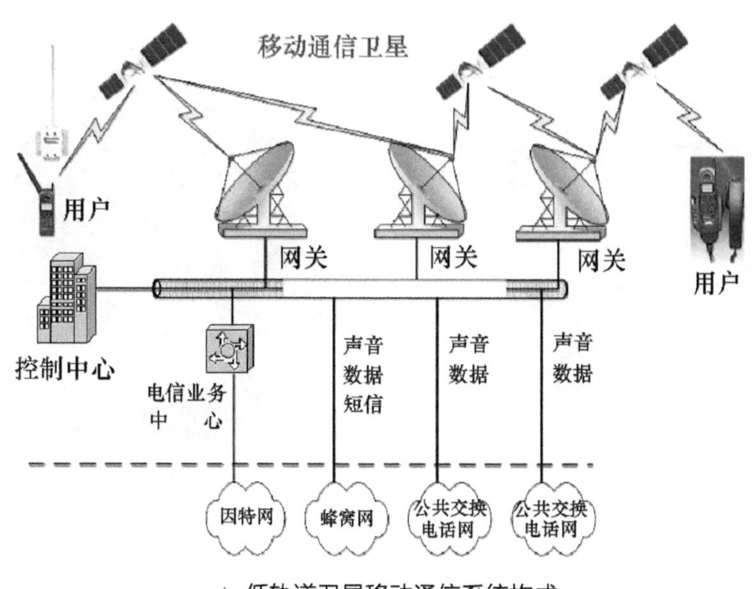

▲ 低轨道卫星移动通信系统构成

低，使得传输延时短，路径损耗小，多个卫星组成的系统可以实现真正的全球覆盖，频率复用更有效；另一方面，蜂窝通信、多址、点波束、频率复用等技术，为低轨卫星移动通信提供了技术保障。因此，低轨道系统被认为是最新、最有前途的卫星移动通信系统。

典型的低轨卫星移动通信系统

目前提出低轨道卫星方案的大公司有 8 家。其中最有代表性的低轨卫星移动通信系统主要有铱（Iridium）系统、全球星（Globalstar）系统、白羊（Arics）系统、低轨卫星（Leo-Set）系统、柯斯卡（Coscon）系统和卫星通信网络（Teledesic）系统等。这里仅介绍两个系统：

● 铱系统由 66 颗卫星组成，分成 6 个轨道，每个轨道有 11 颗卫星，轨道高度为 765 千米。

● 全球星系统由 48 颗卫星组成，分布在 8 个圆形倾斜轨道平面内，轨道高度为 1389 千米，倾角为 52°。其用户数逐年稳定增长，成本不断下降。

▲ 铱系统

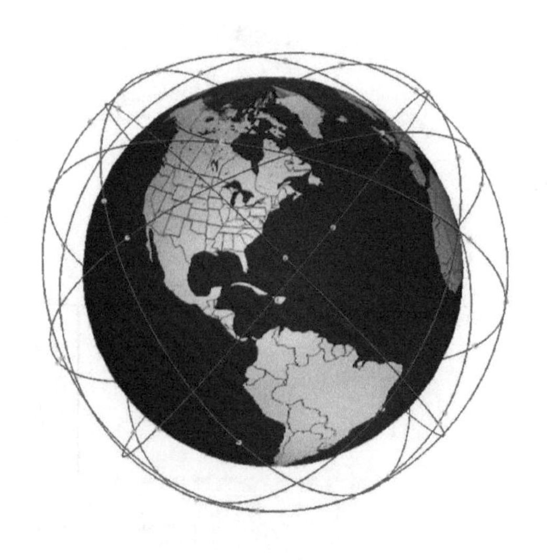

▲ 全球星系统

导航定位卫星

卫星定位原理

卫星定位就是通过卫星来确定待测目标的位置，通俗地说，就是由卫星来告诉你目标现在位于什么位置。地面的用户（人员或车辆）可同时接收到几颗卫星的信号，并利用这些信号来定位。

卫星定位可通过以下三个步骤实现：

第一步：确定导航卫星的位置（S）。根据卫星的轨道和地面测控站的数据，就可以确定任一时刻卫星的位置。

▲ 卫星定位

第二步：测量待定点到各个导航卫星的距离（R）。导航卫星发射出编码信号，接收机接收到编码信号会有时间延迟，即 Δt，用这个延迟时间乘以光速，就是用户与卫星的距离。

第三步：根据几何关系，通过距离数据计算待定点的位置（X）。

知道了用户任一时刻的位置，就可以为用户提供导航服务。所谓导航，就是引导飞机、舰船、车辆及个人，准确地沿着所选路线到达目的地。导航首先需要定位，需要实时知道运动物体的位置，目标位置，以及怎样到达目标位置，这需要有相应的软件。利用卫星确定运动物体和目标位置，并按照程序指引运动物体到达指定目标，这个过程称为卫星导航。

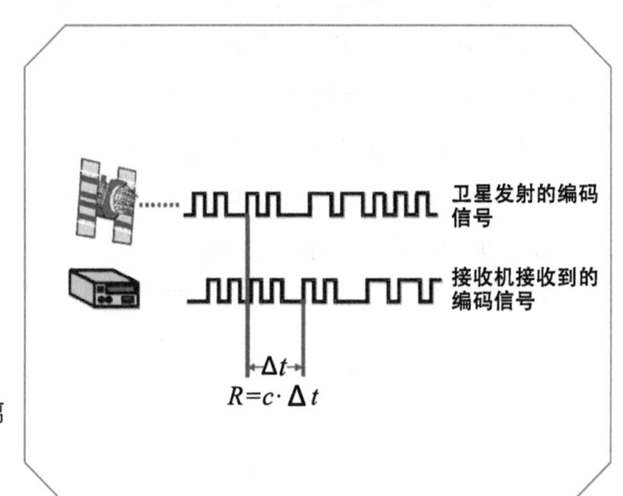

▶ 确定用户到卫星的距离

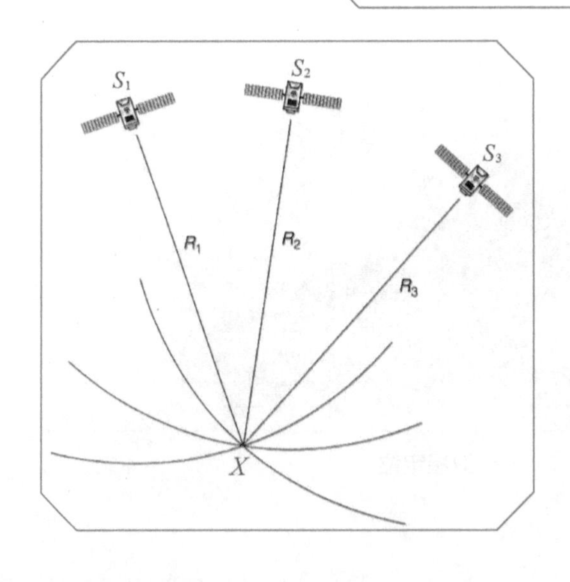

◀ 根据卫星的位置和待测点到卫星的距离定位

导航卫星系统的构成

构造导航卫星系统的初衷，是要保证任何地球表面的用户，都能同时接收到 4 颗以上卫星的信号。因此，卫星都是以星座的形式来组织和分布的。美国的全球定位系统（GPS）由 24 颗卫星组成，这些卫星分布在 6 个轨道平面上，轨道倾角 55°，每个轨道上均匀分布 4 颗卫星，轨道高度 20200 千米，轨道周期 11 小时 58 分。地球上任何区域在仰角 15° 以上的范围内，能够同时接收到 4 颗以上卫星的信号。

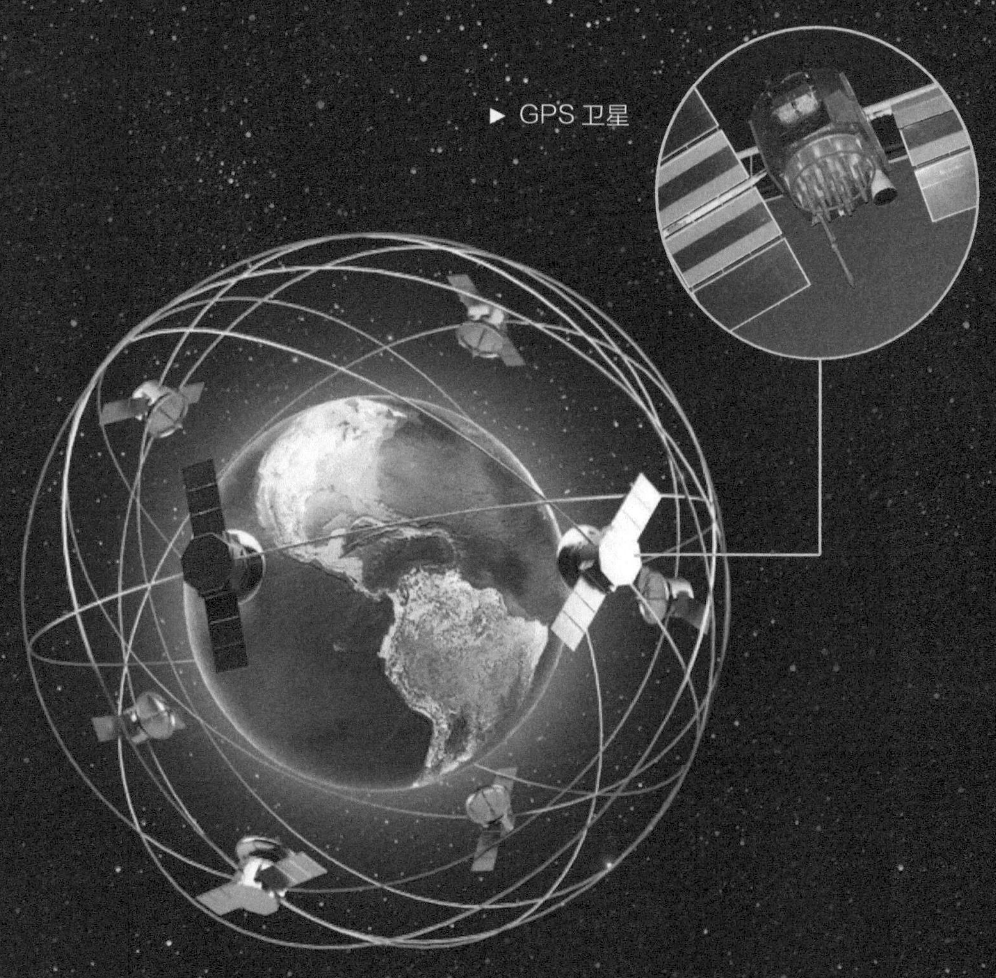

▶ GPS 卫星

▲ GPS 星座

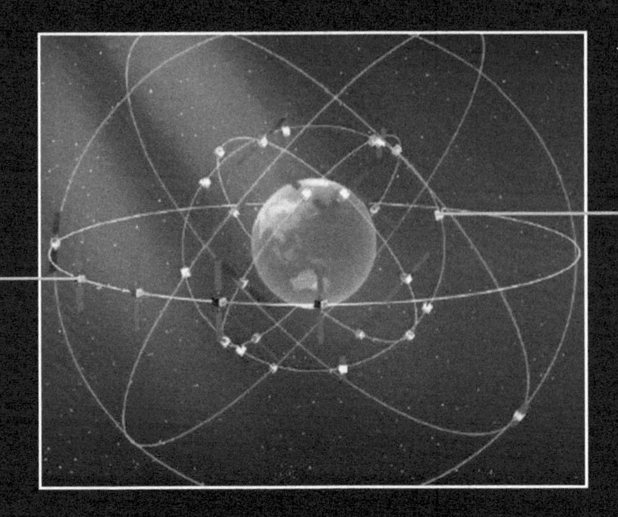

◀ 北斗卫星导航定位系统

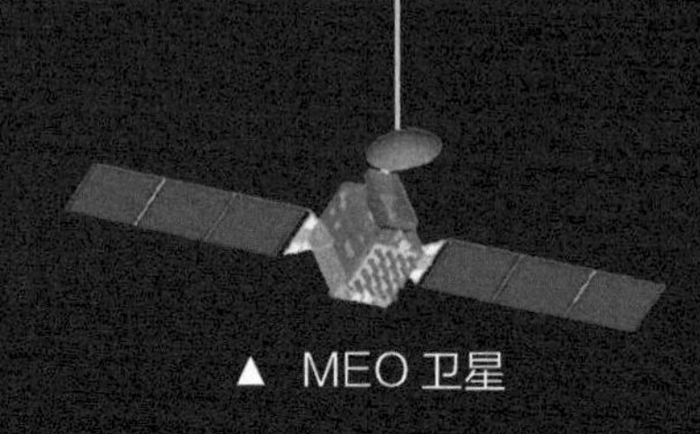

▲ MEO 卫星

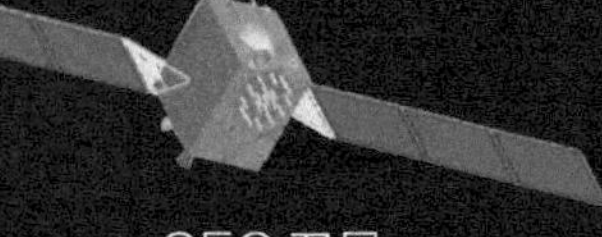

▲ GEO 卫星

中国的北斗卫星导航系统由 5 颗地球同步轨道（GEO）卫星、3 颗倾斜同步轨道（IGSO）卫星和 27 颗中轨道（MEO）卫星组成，27 颗 MEO 卫星分布在 3 个 55° 倾角的轨道平面上，高度为 21500 千米。2012 年已完成区域组网，计划于 2020 年完成全球组网。

俄罗斯的卫星导航系统称为格洛纳斯（GLONASS）。该系统由 21 颗工作星和 3 颗备份星组成，分布于 3 个轨道平面上，每个轨道面有 8 颗卫星，轨道高度 19000 千米，运行周期 11 小时 15 分。

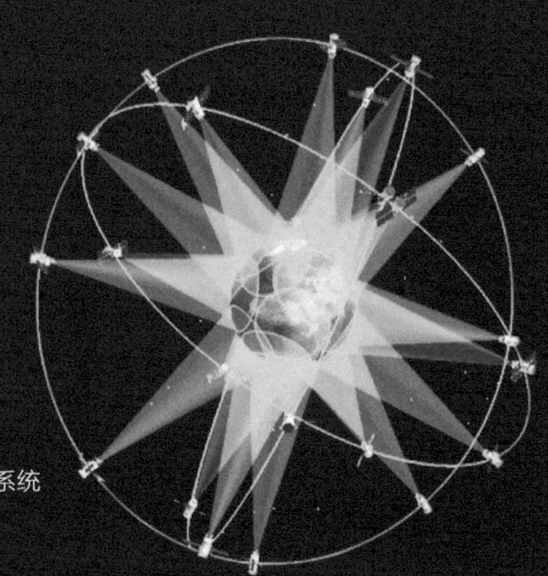

▶ GLONASS 系统

伽利略（Galileo）定位系统是欧盟正在建造中的卫星定位系统，是继美国 GPS、俄罗斯 GLONASS 及中国北斗卫星导航系统后，第四个可以供民用的定位系统，预计将于 2019 年开始运作，但由于欧盟内部分歧与资金问题，完工时间尚不能确定。该系统由 30 颗卫星组成，卫星离地面高度为 23616 千米，分布于 3 条轨道，轨道倾角为 56°，每条轨道将有 9 颗卫星运行，最后 1 颗作后备，卫星设计寿命在 12 年以上。

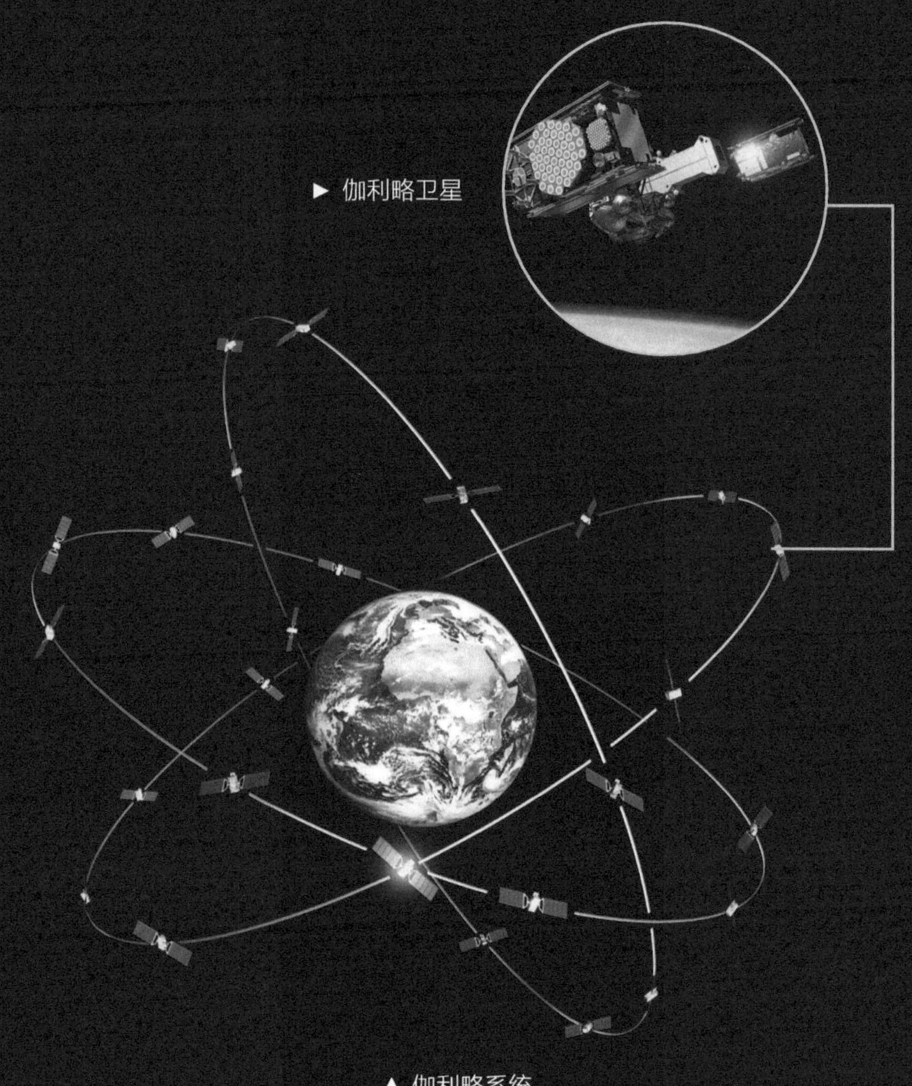

▶ 伽利略卫星

▲ 伽利略系统

第4章 空间天文卫星

空间天文卫星是用以对宇宙天体和其他空间物质进行观测的科学卫星。其目的是探测和研究天体演化以及影响人类生活的宇宙因素。本章在介绍空间天文观测原理的基础上，重点介绍了哈勃空间望远镜、斯皮策空间望远镜、钱德拉X射线观测台、韦伯空间望远镜等天文卫星，并引领读者欣赏这些天文卫星拍摄的太空图片。

本页图为钱德拉X射线观测台观测到的黑洞喷流。

为什么把望远镜搬到太空？

电磁波家族

天文学研究总是与电磁波打交道，所以我们首先介绍电磁波家族。在空间传播着的交变电磁场，即电磁波，它在真空中的传播速度约为 30 万千米 / 秒。电磁波包括的范围很广，无线电波、红外线、可见光、紫外线、X 射线、伽马射线都属于电磁波。它们的区别在于频率或波长的不同。人们按照波长大小将这些电磁波排列起来就形成了电磁波谱。

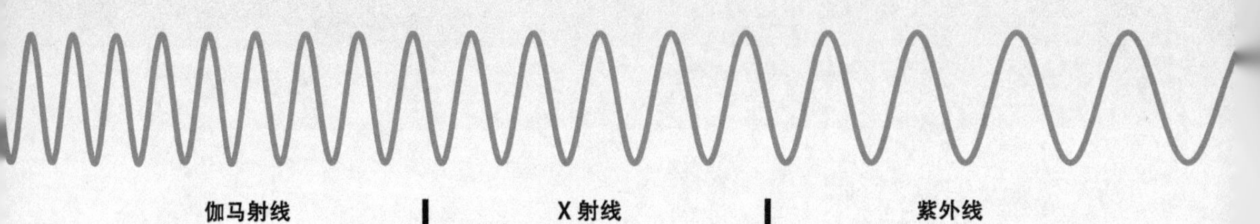

伽马射线、X 射线和紫外线被高层大气阻挡，最适于从太空观测

大气层不透明性（100%）

（50%）

大气层窗口

空间天文观测的对象是来自地球以外天体的辐射。如果在地面观测，必须通过大气窗口，因而只能在几个电磁波段内进行。即使在可见光波段，也会受到大气扰动、消光、尘埃等因素的影响。将观测仪器放在太空中，可以避免大气层对观测的干扰，同时拓展天文观测的电磁窗口。

所谓大气层窗口，是电磁波通过大气层较少被反射、吸收和散射的那些透射率高的波段。伽马射线、X 射线及紫外线根本无法在地面进行观测，大部分红外线也无法在地面进行观测。而这些波段都是空间天文观测最重要的波段。因此，必须将望远镜搬到太空，在大气层以外对天体进行观测。

▼ 电磁波谱及大气层窗口示意图

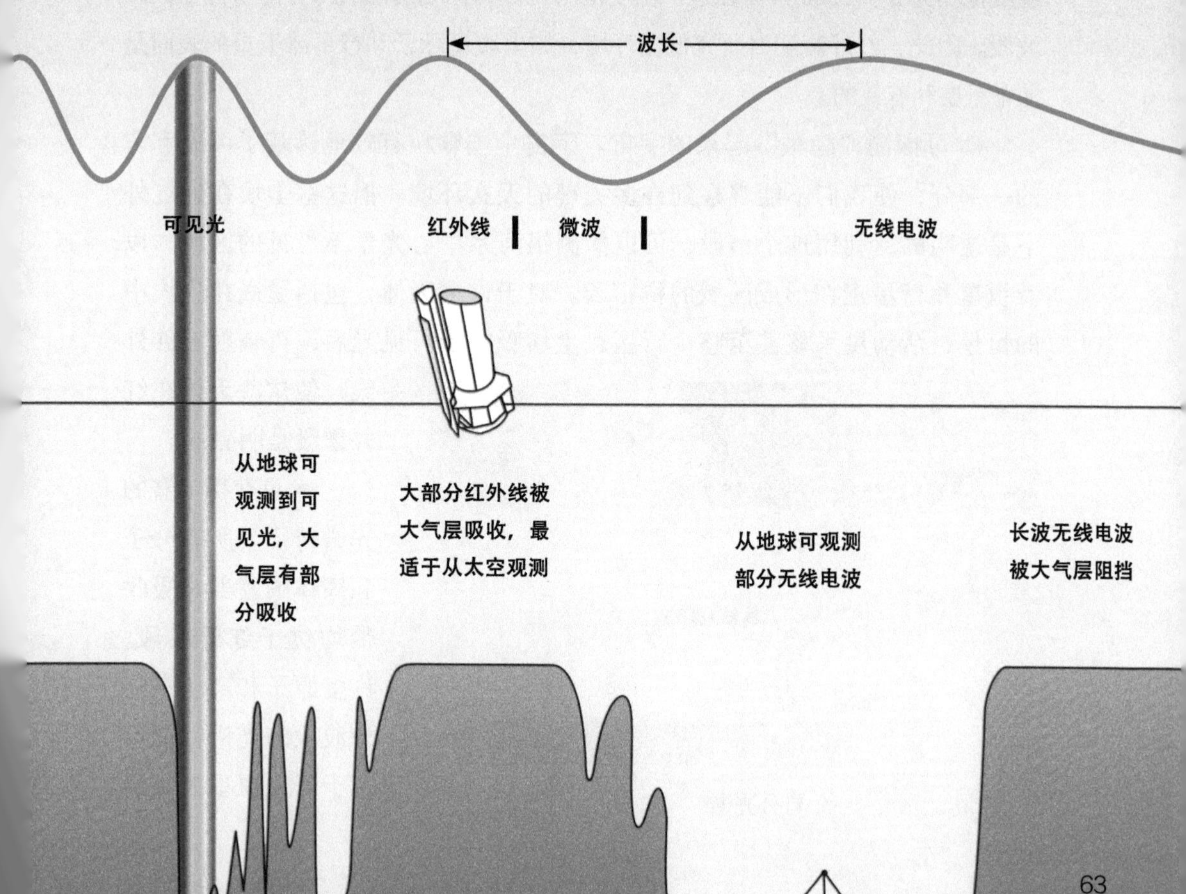

空间天文观测的类型

空间红外观测

红外波段的范围从近红外到远红外，远远超出了人眼的敏感范围。空间红外观测的重要性体现在以下四个方面：

● 可揭示冷状态的物质。太空中的各类固体，大小从亚微米到巨大的行星，温度范围为 3 ～1500 开。在这个温度范围内，物体辐射的大部分能量都在红外波段。因此，红外观测对研究低温环境，如尘埃星际云和行星冰卫星的表面是非常重要和有效的。

● 可探测“隐藏”起来的宇宙。宇宙尘埃颗粒有效地遮蔽了可见宇宙的一部分，使我们不能观察到许多关键的天文环境。但这些尘埃在近红外下是透明的，利用这个谱段，可以探测银河系中心光学不可见的区域，以及恒星和行星正在形成区域的稠密云。对于许多天体，包括镶嵌在尘埃中的恒星、活动星系核甚至整个行星，尘埃吸收了可见光后，再辐射出红外线，使这些天体在红外谱段是明亮的。

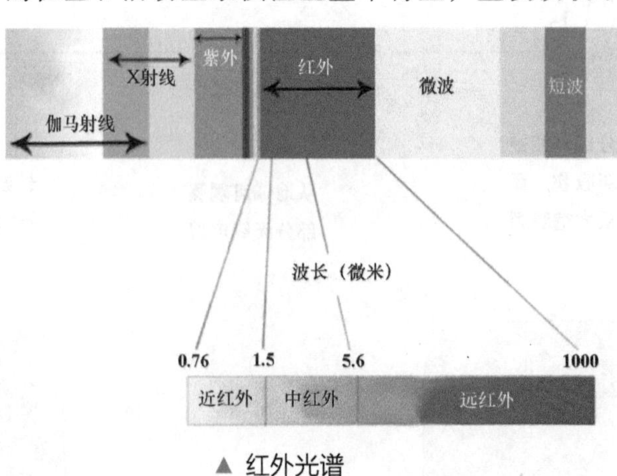

▲ 红外光谱

● 可获得丰富的光谱特征。所有分子和固体的发射和吸收带均位于红外波段。许多原子和离子在红外波段的光谱特征可用于研究恒星大气层及星际气体，探索相对冷的天体环境，探索由于尘埃笼罩严重而使可见光观测无法进行的区域。

● 可用于追溯宇宙早期生命。宇宙红移[1]起因于宇宙的膨胀，它将能量向长波的长方向转移。由于光速有限，当高红移率的天体出现或者天体更年轻时容易被观测到。我们可以通过红外观测来追溯宇宙的早期生命。

空间 X 射线观测

X 射线天文学是以天体的 X 射线辐射为主要研究手段的天文学分支。X 射线天文学中常以电子伏特（eV）表示光子的能量，观测对象为 100 ～100000 电子伏的 X 射线。其中又将 100 ～100000 电子伏的 X 射线称为软 X 射线，10000～100000 电子伏的 X 射线称为硬 X 射线。由于 X 射线属于电磁波谱的高能端，因此 X 射线天文学与伽马射线天文学统称为高能天体物理学。

宇宙中辐射 X 射线的天体包括 X 射线双星、脉冲星、伽马射线暴、超新星遗迹、活动星系核、太阳活动区及星系团周围的高温气体等。由于地球大气层对于 X 射线是不透明的，故只能在高空或者大气层以外观测天体的 X 射线辐射，因此空间天文卫星是 X 射线天文学的主要工具。

目前，X 射线天文学的主要研究课题包括 X 射线双星、X 射线脉冲星、超新星遗迹、致密星、伽马射线暴的 X 射线余辉、太阳的高能过程、黑洞、活动星系核、星系团中的气体与暗物质、宇宙 X 射线背景辐射等。自 20 世纪 40 年代以来，X 射线天文学已经从简单的 X 射线源观测转向 X 射线光谱学的精细研究。高分辨率的 X 射线光谱首先由爱因斯坦卫星上的光谱仪获得，如今，钱德拉 X 射线观测台和 XMM- 牛顿卫星使得天文学家们能够认证出特征谱线。而空间 X 射线卫星已经获得了不亚于地面大型光学望远镜的空间分辨能力，同时，数据处理水平也在快速提高，这些都使 X 射线天文学成为天文学中观测资料最丰富、研究最活跃的领域之一。

---

[1] 光是一种电磁波，当光源远离观测者时，接受到的光波频率比其固有频率低，即向红端偏移，这种现象称为“红移”；当光源接近观测者时，接受频率增高，相当于向蓝端偏移，称为“蓝移”。——编辑

空间伽马射线观测

空间伽马射线是可穿透整个宇宙的电磁波中最高能量的波段，也是电磁波谱中波长最短的部分。伽马射线被地球大气层严重吸收，因此只能利用高空气球、火箭和卫星搭载仪器进行观测。能量高于千亿电子伏的甚高能伽马射线穿过地球大气时会产生高能粒子簇射，从而形成切伦科夫辐射。

伽马射线可由太空中的超新星、正电子湮灭、黑洞形成，甚至由放射衰变产生。例如，超新星 SN 1987A 就发射了来自超新星爆炸的放射性产物钴 56 释放的伽马射线。一般认为大多数天体释放的伽马射线并非来自放射衰变，而是和 X 射线一样来自加速的电子与正电子作用（由于能量较高而产生伽马射线）。

伽马射线天文学的主要研究对象就是超新星、黑洞、伽马射线暴的 X 射线和光学源。伽马射线天文学的一项重要发现是在 20 世纪 60 年代末到 70 年代初，船帆座卫星的侦测器发现了来自太空远处的伽马射线，并确定伽马射线暴将持续约 1 秒到数分钟，伽马射线暴会在未预料的方向突然出现，并在闪烁之后光度衰减至与伽马射线背景相当。基于 20 世纪 80 年代苏联金星号系列探测器和美国先驱者金星计划等仪器收集的资料，这些戏剧性的高能闪光仍然是一个谜。目前最可能的理论是：这些物质似乎来自宇宙极远处，其中一部分可能是会形成黑洞的极超新星。

2010 年 11 月，费米伽马射线空间望远镜发现了两个位于银河系中心的巨大伽马射线泡。这两个伽马射线泡外观是镜像对称的。这些高能辐射造成的气泡被认为是从超重黑洞喷射，或者是数百万年前大量恒星形成的遗迹，每个气泡的范围纵跨 2.5 万光年。该发现证实在银河系中心有巨大未知结构的猜测是正确的。

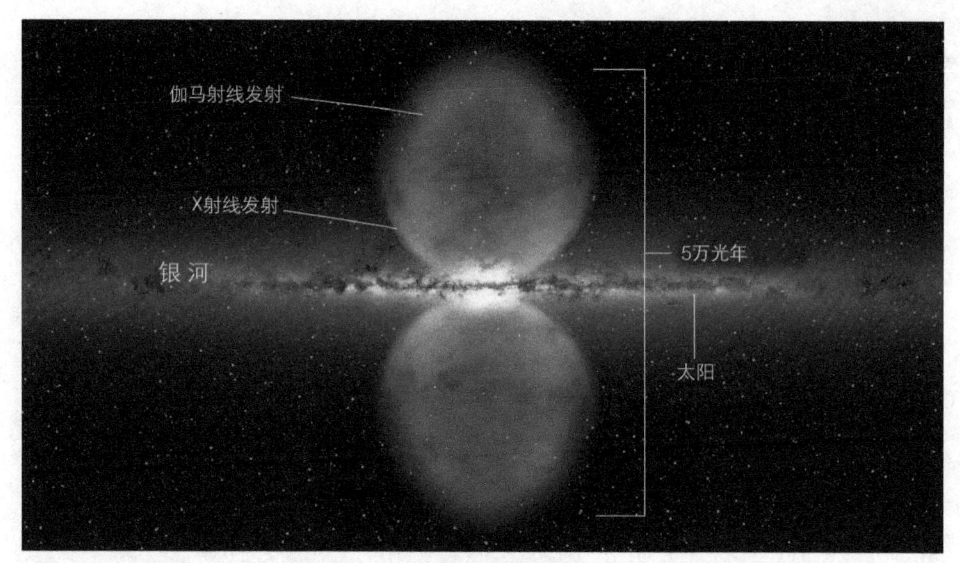

▲ 伽马射线泡

空间紫外观测

空间紫外观测的波长在 10 ～320 纳米，在这个波长范围内，地球的大气层对紫外线吸收强烈，因此必须在太空进行观测。

天体的紫外光谱可用来了解星际介质的化学成分、密度、温度以及高温年轻恒星的温度与组成。星系演化的信息也可通过紫外线观测得知。

紫外线观测天体的结果会与可见光观测有很大的差异。许多在可见光观测时，许多相对温度较低的恒星在紫外线观测时却显示是高温天体，尤其是在演化阶段早期或晚期的恒星。如果人眼可以看到紫外线，那么我们在夜空中所看到的大部分天体将会比现在暗淡许多。我们将能看到年轻的巨大恒星或年老恒星与星系，许多银河系中的分子云和尘埃将遮蔽许多天体。

太阳紫外光谱中有许多高电离硅、氧、铁等元素的谱线，为太阳色球与日冕间过渡区和耀斑活动的研究提供了极有价值的信息。对行星、彗星等天体的紫外光谱、反照率和散射的观测，对于确定它们的大气组成和建立大气模型也很有价值。早型恒星、白矮星和行星状星云的中心星等的紫外波段的辐射最强，紫外观测无疑是非常重要的。紫外观测对于星际物质的研究也有特殊意义。

典型的空间天文卫星

哈勃空间望远镜

哈勃空间望远镜（Hubble Space Telescope，HST）是以天文学家爱德温·哈勃的名字命名的，它是在低地球轨道上运行的空间天文观测望远镜。

哈勃空间望远镜的直径是 2.4 米，长 13.2 米，重 11.11 吨，外形像长了翅膀的公共汽车。它携带的仪器有广域和行星照相机、太空望远镜影像摄谱仪、巡天照相机和高速光度计等。哈勃空间望远镜自 1990 年 4 月 24 日发射以来已经在轨运行了 20 多年，曾经进行过 5 次在轨维修并更换部件。

▼ 哈勃空间望远镜

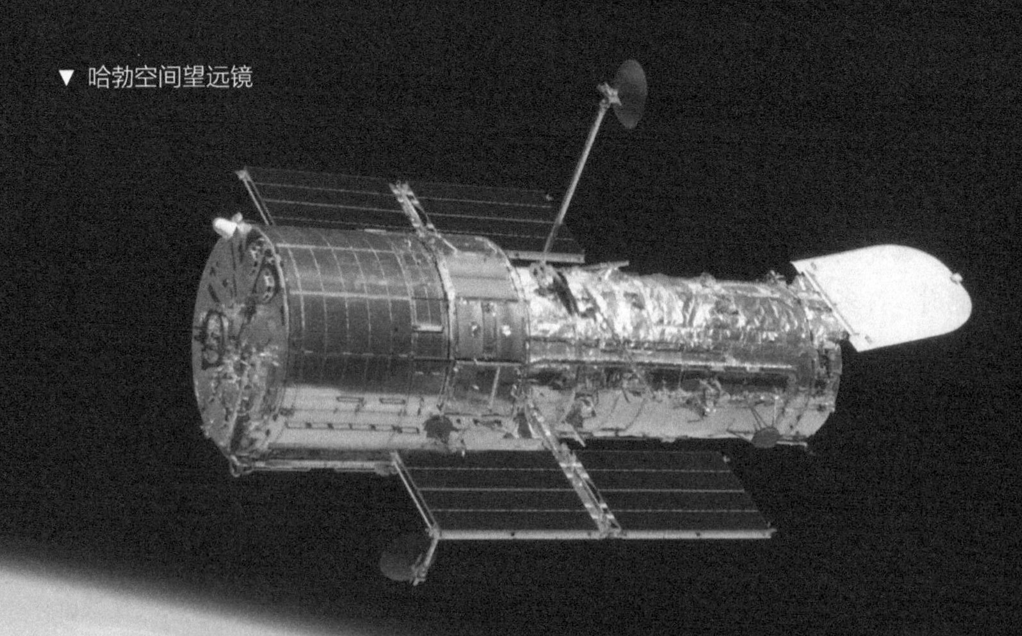

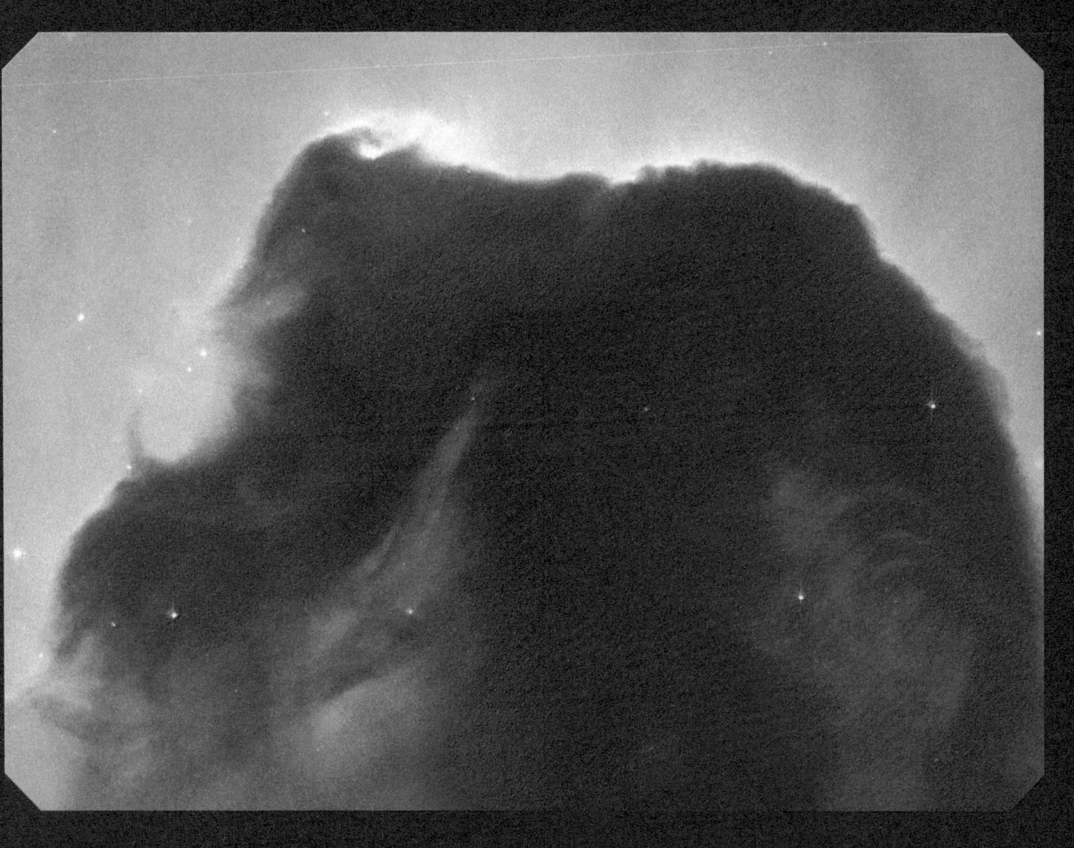

▲ 哈勃空间望远镜拍摄的马头状星云，该星云位于猎户座，距离地球大约 1500 光年。

HST 的主要研究对象包括探测最远的宇宙、确定宇宙的年龄和大小、恒星的起源、太阳的邻居、太阳系外行星、黑洞与类星体、宇宙的构成以及引力透镜等。这些词听起来有些陌生，但都是当今空间天文学研究的前沿课题。

HST 已经拍摄了大量的图片，利用这些资料发表的科学论文已超过 10000 篇。下面我们一起欣赏 HST 拍摄的图片。

▲ 哈勃空间望远镜拍摄的最著名的照片之一：鹰状星云中的诞生柱

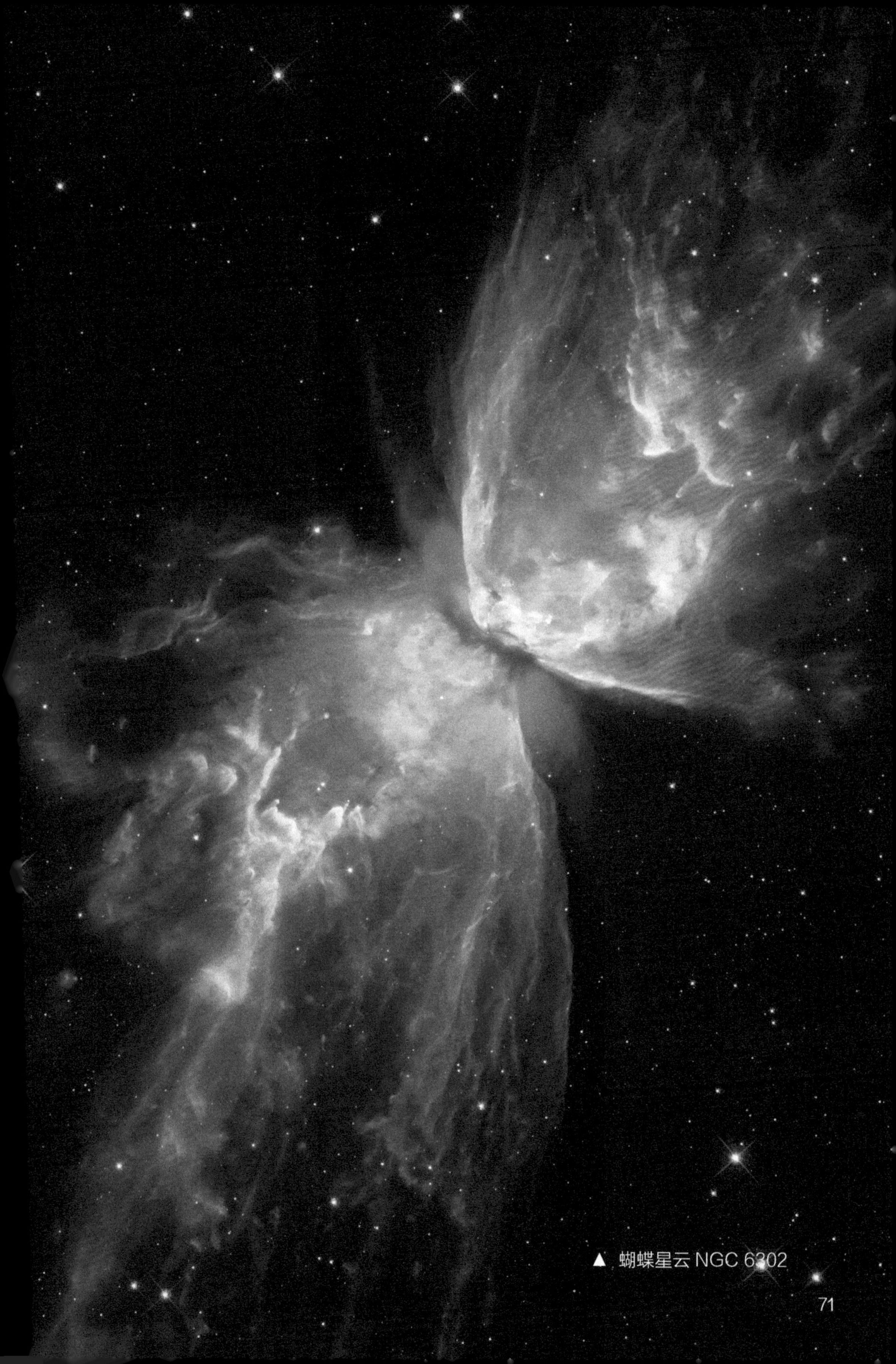

▲ 蝴蝶星云 NGC 6302

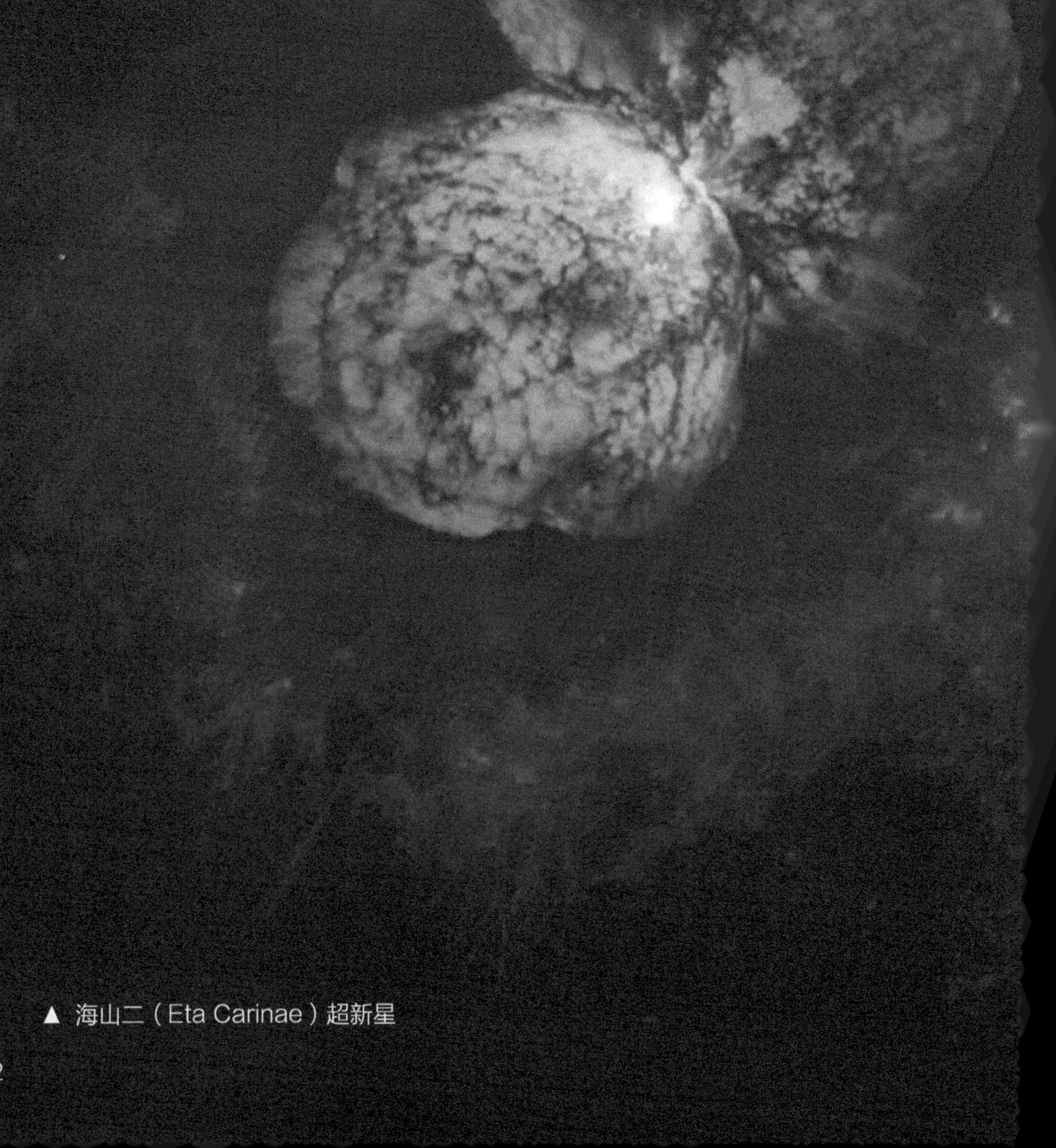

▲ 海山二（Eta Carinae）超新星

▲ 大麦哲伦星系中一颗超新星剩余

▲ 螺旋星系 NGC 4522

▲ 一对相互作用的星系

斯皮策空间望远镜

斯皮策空间望远镜（Spitzer Space Telescope，SST），是 NASA 于 2003 年 8 月 25 日发射的一颗红外天文卫星，是大型轨道天文台计划的最后一台空间望远镜。该卫星是以空间望远镜概念的提出者、美国天文学家莱曼·斯皮策（Lyman Spitzer）的名字命名的。斯皮策空间望远镜总长约 4 米，质量为 950 千克，主镜口径为 85 厘米，用铍制作。其携带的科学仪器有红外阵列照相机（IRAC）、红外光谱仪（IRS）和多波段成像光度计（MIPS）。该望远镜工作在波长为 3 ～ 180 微米的红外波段，运行在一条位于地球公转轨道后方，与地球保持同样的角速度绕太阳旋转的轨道，并以每年 0.1 天文单位（天文单位指地球到太阳的平均距离）的速度逐渐远离地球。它的红外探测器阵列灵敏度是地基红外望远镜的上千倍，先进的阵列式红外探测设备的观测距离可以达到目前任何空间天文望远镜观测距离的上百万倍。

斯皮策空间望远镜的科学目标如下：①寻找太阳系外的行星。在红外波段，恒星与行星的光谱特征具有明显的区别，所以在红外波段就比较容易发现太阳系以外的行星。②探索行星是怎样形成的。按目前流行的理论，行星是在恒星周围的尘埃盘中形成的。通过观察不同演化阶段的尘埃盘，可以得

▲ 斯皮策空间望远镜及其轨道

出有关行星形成的过程。与可见光观测相比，红外观测能够穿透尘埃的遮蔽，揭示里面的奥秘。③研究陌生的银河外星系。④观测遥远星系，揭示早期宇宙图景。斯皮策空间望远镜的观测波段集中在红外波段，与哈勃空间望远镜结合将获得更加完美的观测成果。

斯皮策空间望远镜目前已经在轨运行 10 多年，获得了丰富的科学成果。下面是由斯皮策空间望远镜拍摄的图片。

▲ 斯皮策空间望远镜拍摄的仙女座星系，仙女座星系是我们银河系的近邻，大小是银河系的 2.5 倍。

▼ 螺旋星云

▼ 向外吹风的 DR22 星系团

▼ 宇宙山

▼ 旋涡星系

▼ 猎户座星云

钱德拉 X 射线观测台

钱德拉 X 射线观测台（Chandra X-ray Observatory，CXO）以美籍印度物理学家苏布拉马尼扬·钱德拉塞卡的名字命名，是 NASA 于 1999 年 7 月 23 日发射的一颗 X 射线天文卫星，是大型轨道天文台计划的第三颗卫星，目的是观测天体的 X 射线辐射。其特点是兼具极高的空间分辨率和光谱分辨率，被认为是 X 射线天文学上具有里程碑意义的空间望远镜，标志着 X 射线天文学从测光时代进入了光谱时代。

钱德拉 X 射线观测台总质量约 4.8 吨，主镜为 4 台套筒式掠射望远镜，每台口径 1.2 米，焦距 10 米，接收面积 0.04 平方米。钱德拉 X 射线观测台运行在一条椭圆轨道上，近地点为 1.6 万千米，远地点为 13.3 万千米，轨道

▲ 钱德拉 X 射线观测台

周期为 64 小时，轨道倾角为 28.5°。

钱德拉 X 射线观测台是世界上功能最强的空间 X 射线望远镜，探测灵敏度比以前的空间望远镜高 20 倍。钱德拉 X 射线观测台携带的仪器如下：

- 高清 CCD（电荷耦合器件）成像频谱仪，由 10 台 CCD 组成，观测能段为 200 ～10000 电子伏。
- 高分辨率照相机，主要部件是 2 台微通道板探测器，观测能段为 100 ～10000 电子伏，时间分辨率达到 0.016 秒。
- 高能透射光栅摄谱仪，观测能段为 400 ～10000 电子伏，光谱分辨率为 60～1000。
- 低能透射光栅摄谱仪，观测能段为 90～3000 电子伏，光谱分辨率为 40～2000，两台摄谱仪都能够与高清 CCD 成像摄谱仪和高分辨率照相机联合工作。

下页是钱德拉 X 射线观测台拍摄到的图片。

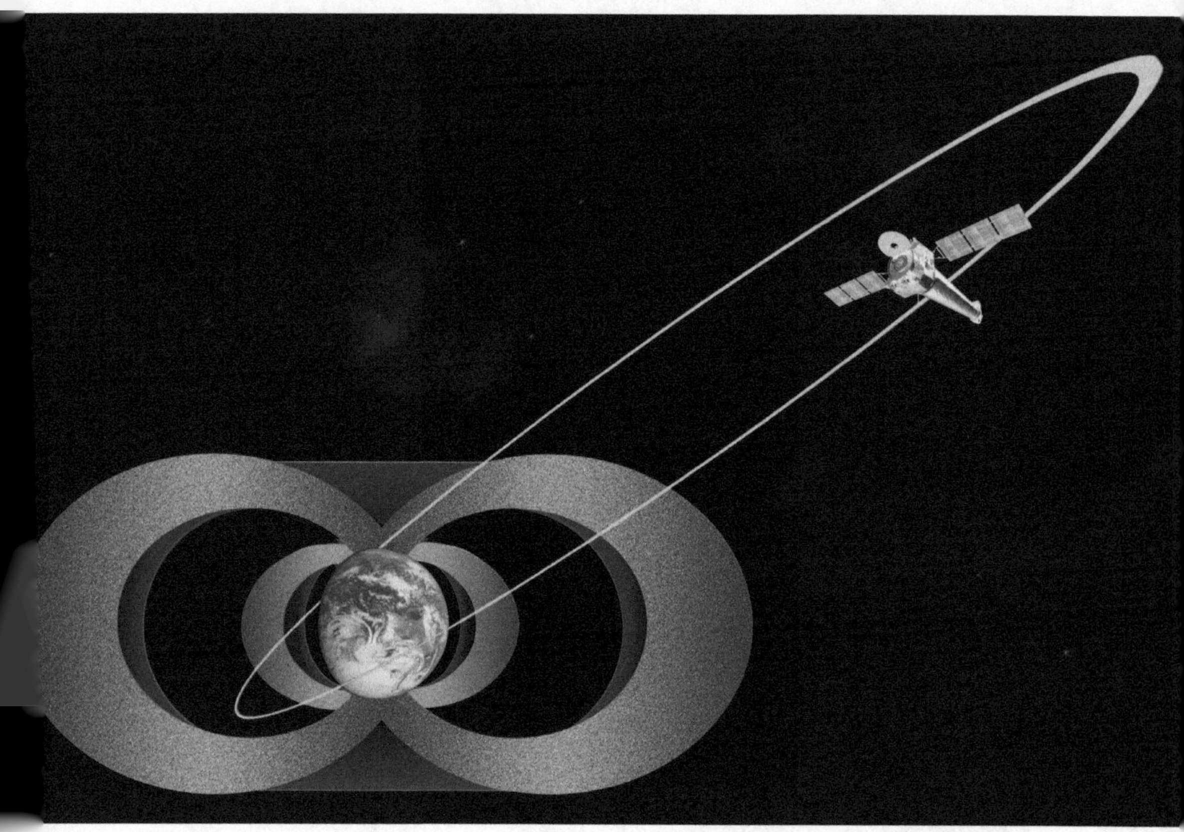

▲ 钱德拉 X 射线观测台的轨道

▲ 矮星系与大星系碰撞产生的热气体

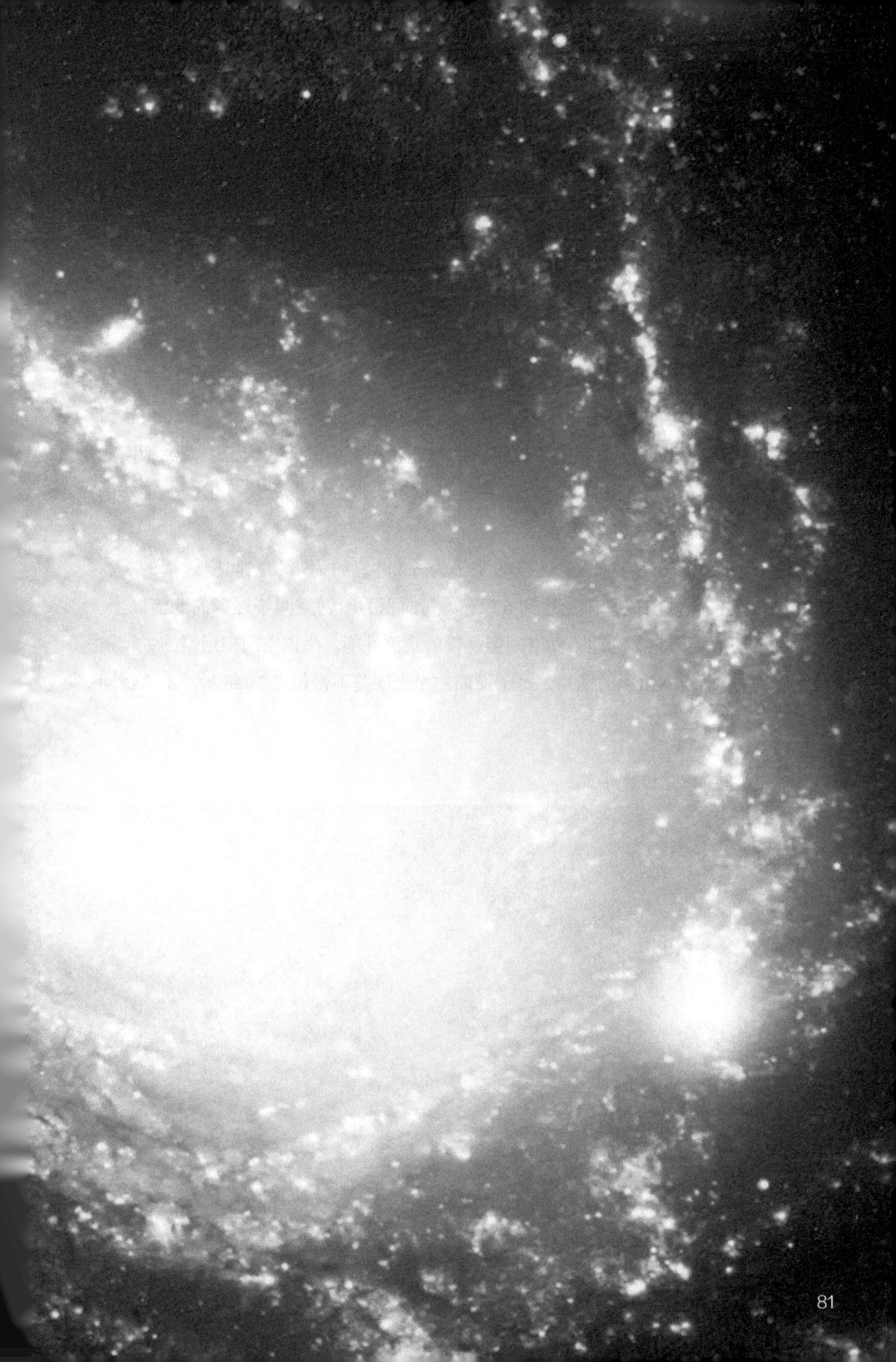

韦伯空间望远镜

韦伯空间望远镜（James Webb Space Telescope，JWST）是红外空间望远镜，预计 2018 年 10 月发射。它作为哈勃太空望远镜的后续望远镜，是 ESA、NASA、加拿大航天局（CSA）的合作项目。与哈勃空间望远镜围绕地球上空旋转不同，韦伯空间望远镜飘荡在地球背向太阳的后面 150 万千米的空间。

该望远镜的主要任务是探测作为大爆炸理论的残余红外线证据（宇宙微波背景辐射），即观测目前可见宇宙的初期状态。为此，它配备了高灵敏度的近红外摄像机、近红外光谱仪、中红外仪器、近红外成像仪等仪器。工作的波长范围是 0.6 ～28 微米。

计划中的韦伯空间望远镜的质量为 6.2 吨，约为哈勃空间望远镜的 1/2。主反射镜由铍制成，口径达到 6.5 米，其面积为哈勃空间望远镜的 5 倍以上。我们可以期待它有远超哈勃空间望远镜的观测性能。韦伯空间望远镜的主镜被分割成 18 块六角形的镜片，每个镜面的抛光误差不得超过 10 纳米。主镜镜面

▼ 韦伯空间望远镜的俯视图

也经过深入研究，使其能够在遮阳板阴影下的极度严寒环境中保持正确形状。每块镜片背部都装有 7 个马达，能够在 10 纳米的精度内调整镜片的形状和朝向。发射后这些镜片会在高精度的微型马达和波面传感器的控制下展开。

韦伯空间望远镜的轨道位于日地系统第二拉格朗日点 L2（见下图）。拉格朗日点是日地系统的 5 个特殊点，放置在这 5 个点的航天器处于太阳和地球引力平衡状态。这种平衡不是静态的平衡，而是太阳和地球引力的合力使位于该点的天体像地球那样围绕太阳转动，也就是说，好像该航天器与太阳和地球固定在一个刚性旋转框架上。L2 点远离太阳和地球，环境温度比较低，适合于红外观测。

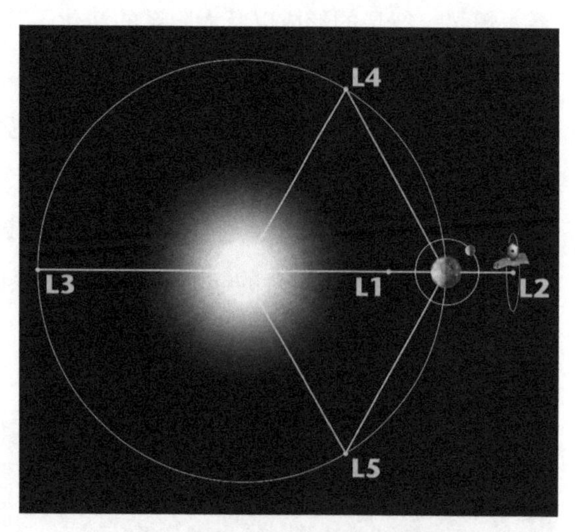

▲ 韦伯空间望远镜的轨道位置

▼ 韦伯空间望远镜的仰视图

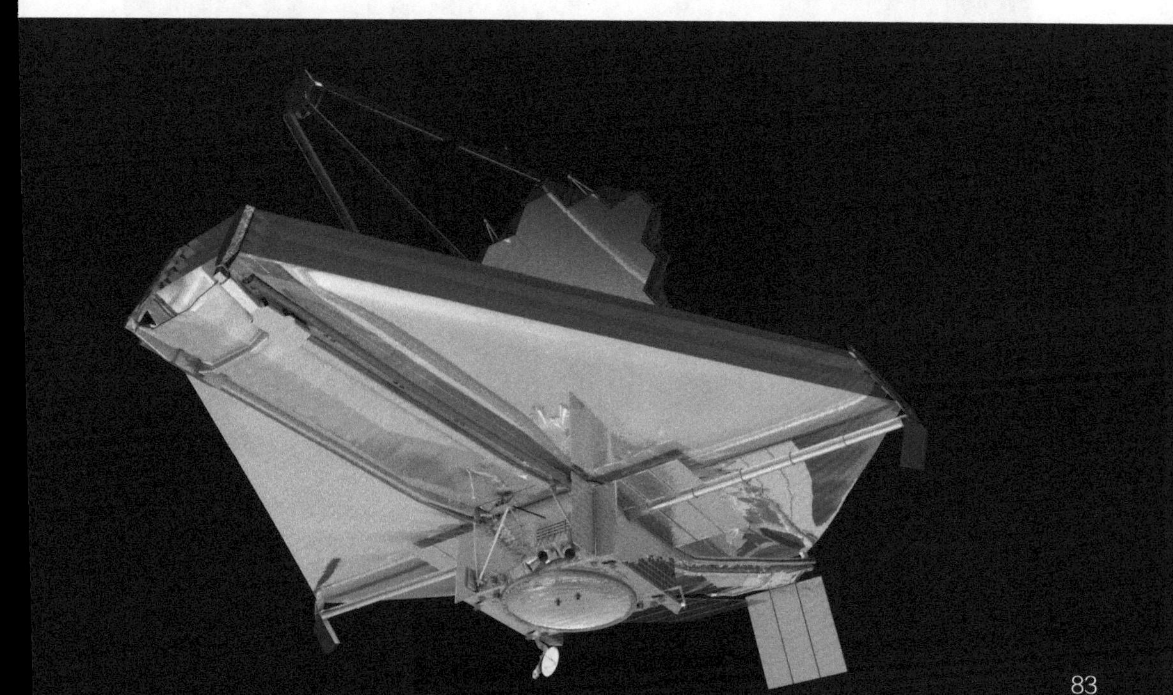

韦伯空间望远镜将检验宇宙历史的每个阶段，从大爆炸以后第一缕光到星系、恒星、行星的形成以及太阳系的演化。其科学目的包括以下 4 个方面：

● 辨别早期宇宙形成的第一颗亮的天体。

● 确定星系和暗物质是怎样演化的，包括气体、恒星、金属物理结构及活动星系核如何演化到今天的状态。

● 恒星及原始行星系统的诞生，恒星的诞生、早期发展以及行星的形成。

● 行星系统和生命的起源。研究太阳系的物理和化学性质，在那里可能存在生命的基本单元。

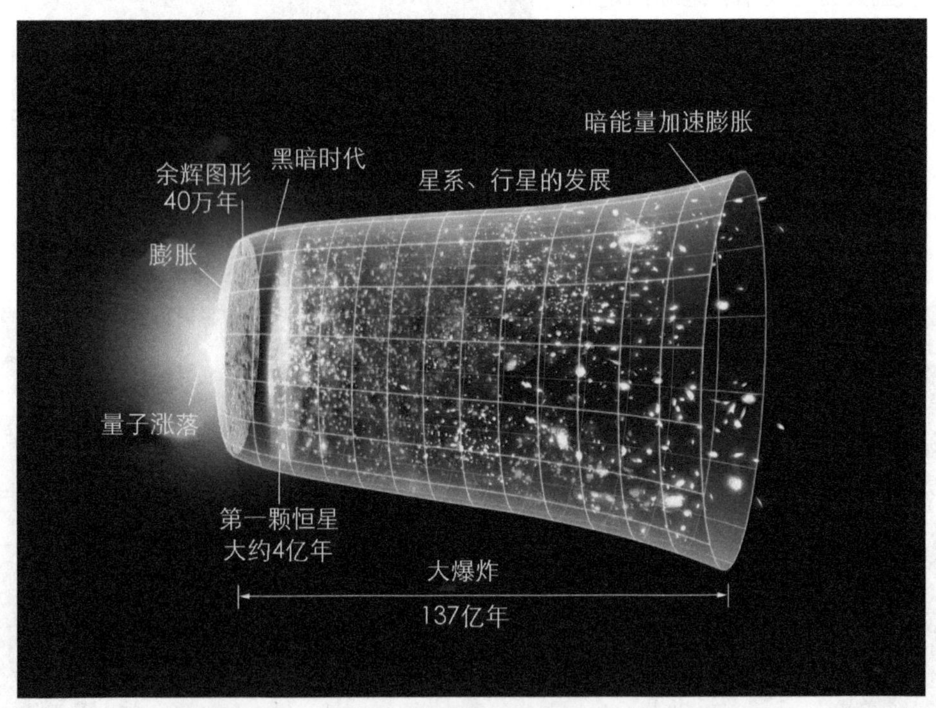

▲ 宇宙演化的历史

▲ 恒星在船底星云中形成的区域

▲ 太阳系生命起源及演变的示意图

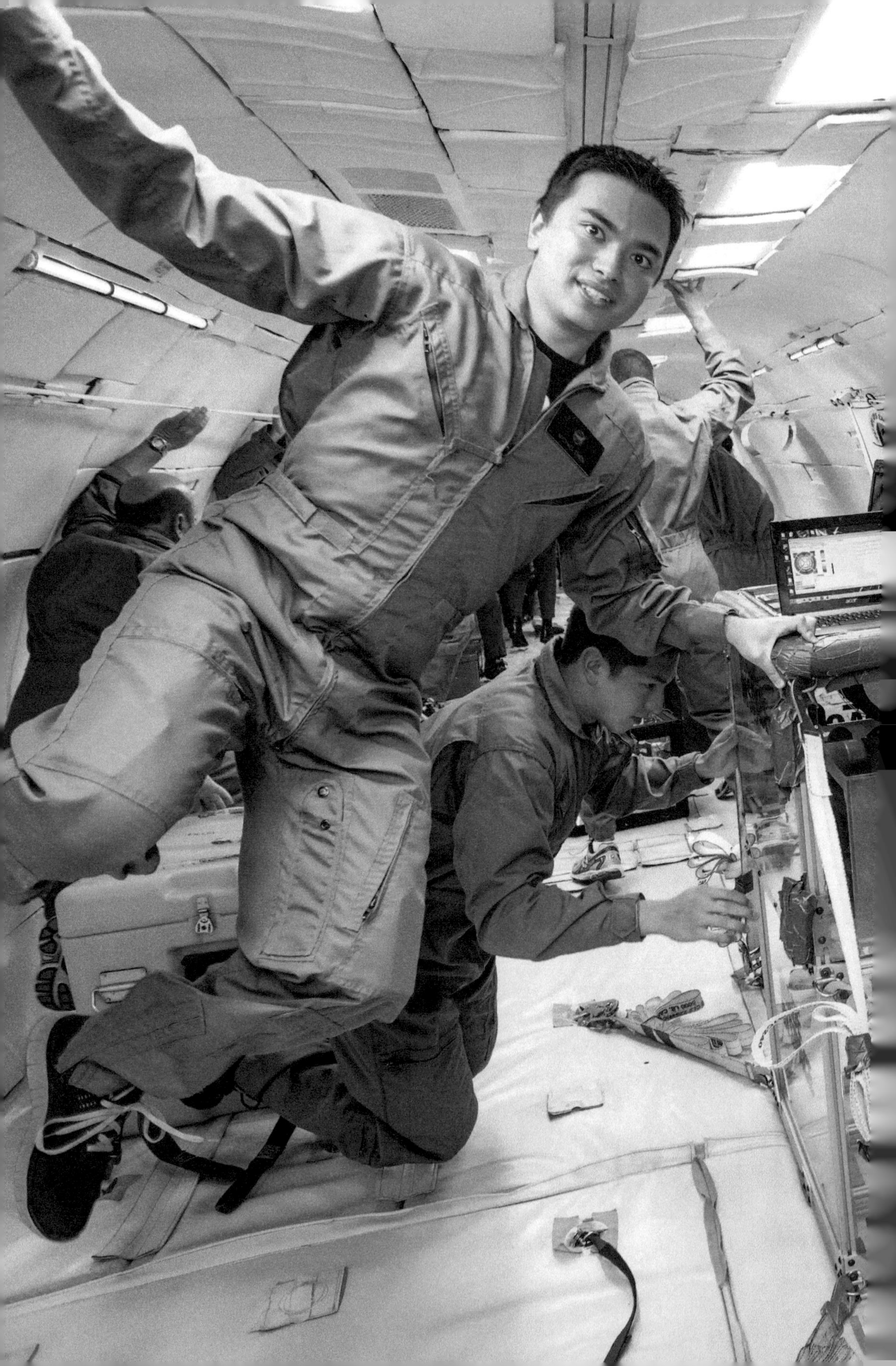

第5章 微重力资源

本章重点介绍了微重力的定义、微重力产生的方法、将微重力看作资源的原因、微重力环境下的科学试验及太空技术和产品等相关知识。

本页图为航天员在改造过的波音727飞机上模拟微重力环境。

什么叫微重力

在讨论什么是微重力之前，我们首先看看重力是怎样定义的。按照中国大百科全书给出的定义，重力是指在行星、卫星等天体表面或其上空所受到的该天体的引力，其大小和方向主要由万有引力确定。在物理学上，将物体受到的重力的大小叫作重量。对于在地球附近的重力，其大小和到地心的距离平方成反比。如果按照这个关系式计算，地球表面的重力加速度是 9.81 米 / 秒^2(一般用符号 g 表示)，在低地球轨道是 9 米 / 秒^2，距离地心 20 万千米处是 10 米 / 秒^2。可见，在低地球轨道，重力变化并不大，可是，我们为什么会看到航天员在神舟飞船上飘然若仙呢?

其实，我们上面对重力或重量的定义是在惯性坐标系（物体静止或做匀速直线运动）中给出的，如果物体以一定的加速度运动，则它还将受到其他外力的作用。这样，作用在物体上的合力就不仅仅是引力了，因此，对外所表现出的重力（我们称表观重力）就与由万有引力定律所定义的重力不同。如果考虑普遍情况，我们可以给出微重力的定义：物体在围绕地球做圆周运动、自由下落或在星际空间所表现出来的非常低的加速度状态。这个定义也给出了在地面或近地空间产生微重力的方法。

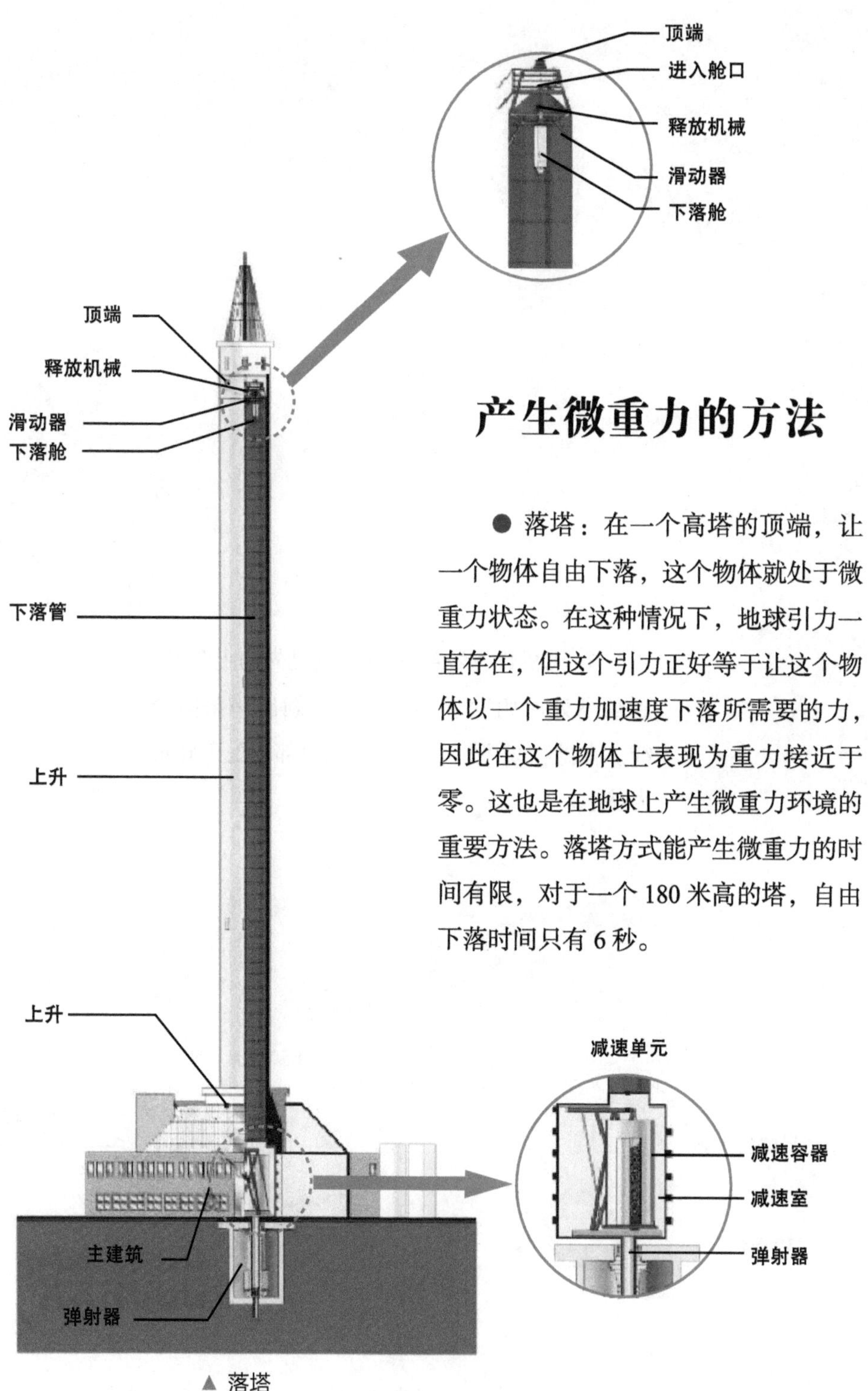

产生微重力的方法

● 落塔：在一个高塔的顶端，让一个物体自由下落，这个物体就处于微重力状态。在这种情况下，地球引力一直存在，但这个引力正好等于让这个物体以一个重力加速度下落所需要的力，因此在这个物体上表现为重力接近于零。这也是在地球上产生微重力环境的重要方法。落塔方式能产生微重力的时间有限，对于一个 180 米高的塔，自由下落时间只有 6 秒。

▲ 落塔

● 飞机作抛物线飞行。飞机先向上爬升，到最高处后俯冲下落，在空中划出一条抛物线。在抛物线飞行阶段，飞机内部也处于微重力状态。

▶ 飞机作抛物线飞行

◀ 在轨运动的航天器及航天员

● 在轨运行的航天器。从上面的介绍可以看出，尽管落塔和飞机作抛物线飞行也能产生微重力，但持续的时间都比较短，不利于开展科学试验。而围绕地球在轨运行的航天器，则可以产生长期的微重力环境。大家知道，作圆周运动的物体要受到向心力的作用，而围绕地球作圆周运动所需要的向心力，就是地球对它的引力。因此，轨道航天器内部是进行微重力科学试验的理想场所。

微重力应用

微重力下的科学试验

● 微重力人体科学研究。微重力人体科学研究主要目的是研究人体对微重力和辐射的反应。这项研究一直是载人空间活动的最主要任务。航天员在空间飞行时的临床症状揭示了微重力下人体重要的生理学变化。国际空间站上集中于人体的 32 项任务包括骨骼和肌肉损失、血管系统、免疫学响应的变化以及辐射效应方面的研究。进一步的研究集中于长期空间飞行时生理学变化和改进健康风险保障方面的知识，并设计出能保障航天员健康的更详细、复杂的实验。

● 晶体生长试验。多年来，人们一直试图在空间生长出更好的半导体材料。美国的研究重点是三元化合物晶体，如碲镉汞；俄罗斯、德国和中国的研究重点是二元化合物单晶。微重力环境下可以生长出比地面质量更好的蛋白质单晶，利用这些单晶可以获得蛋白质的结构信息，从而有利于研制新药和促进蛋白质工程的发展。空间蛋白质晶体生长已经成为一项新的空间商业计划项目，吸引了众多商家的关注和参与。很多国家都进行了空间沸石（沸石是一种矿石，工业上常将其用于净化或分离混合成分）研究，地面生长的沸石结晶只有微米尺寸，而空间生长的结晶可达毫米，通过空间沸石制备研究，人们将直接获取高质量的沸石晶体，并改进地基沸石制备工艺，促进炼油效率的提高，具有重要的商业价值。

● 微重力流体科学试验。流体物理是微重力空间实验中取得持续性成果的领域。这些研究使人们不断地加深了对在重力效应消失以后，由表面张力不均匀在各种特定系统中产生流动这一现象的认识。微重力流体科学实验室是研究微重力环境下流体动力学的多用途设备，能够研究正常压力下产生的对流和分层的动力学效应，这些效应包括热量和质量输送等。

● 微重力燃烧科学试验。研究人员针对一些简单的燃烧过程进行了模型化的研究，使理论模型能符合试验结果。这些燃烧过程包括液滴的燃烧、颗粒固体的燃烧、液池的燃烧等。研究人员针对预混火焰和非预混火焰的过程也做了大量的工作，包括点火、冒烟和火焰扩散、近临界火焰及燃烧稳定性、湍流燃烧的过渡等。由于燃烧的研究还与载人飞行器中的防火密切相关，它的研究更受到载人航天计划的重视。

● 微重力生物科学试验。早期的工作主要是试验新的生物技术装置，后期的微重力生物科学试验更好地揭示了病原体传播疾病的机理，同时有助于预防人在太空中生病。此外，在国际空间站上进行了一些病原体的实验，目的是保证航天员在空间探索时的健康，未来也会将其扩展应用到预防地面疾病。

开发太空技术和产品

在微重力环境下的许多科学实验，其成果都可以进一步发展为产品，如高纯度的半导体晶体、特殊的药品以及大量新型材料。

在新技术开发方面，国际空间站上的研究项目逐年增加。如 2012 年，在成像技术研究方向上，实验项目有 NASA 的“松下 3D 照相机”、ESA 的“数字高分辨率立体摄像机 –2”和 JAXA（日本宇宙航空研究开发机构）的“超级敏感的高清晰度电视系统”，共计 3 项。有些太空产品和技术还申报了专利。

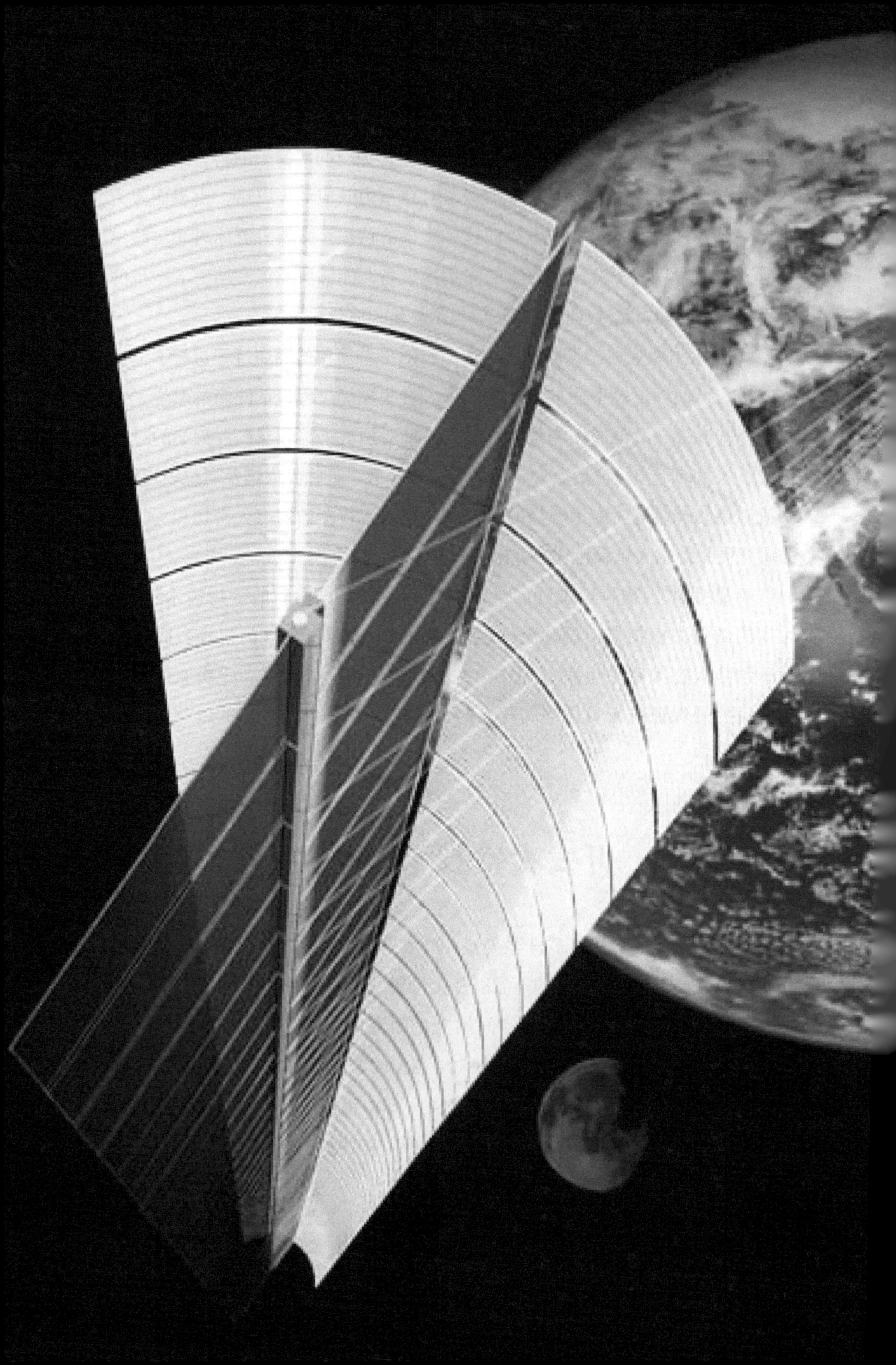

第6章 空间太阳能资源

本章从太阳能的概念入手，在追溯其发展历史的基础上介绍了空间太阳能电站的结构及各国的典型设计方案。

本页图为日本和美国公司联合设计的空间太阳能电站模型。

太阳能

太阳能是指太阳辐射的光和热，一般用太阳常数衡量太阳辐射能量的大小。太阳常数是在 1 天文单位处，在垂直于太阳辐射平面的单位面积上，测量到来自太阳的电磁辐射的总通量。其数值是 1.366 千瓦 / 米^2。地球的截面积是 1.274×10^8 平方千米，因此整个地球接收到的能量是 1.740×10^{17} 瓦。

地球的大气、海洋和陆地吸收的太阳能每年大约是 3.85×10^{24} 焦耳。光合作用获得的生物质能每年约 3×10^{21} 焦耳。太阳的能量到达地球表面的数量非常巨大，地球 1 小时内获得的太阳能比全世界 1 年内使用的能量还要多；地球在 1 年内获得的太阳能是人类已经在地球上开采的所有不可再生资源（包括煤、石油、天然气等）总量的 2 倍。

地面利用太阳能的形式

太阳能技术分为有源（主动式）及无源（被动式）两种。有源的例子有太阳能光电及光热转换，使用电力或机械设备作为太阳能收集器，这些设备是依靠外部能源运作的，因此称为有源。无源的例子如引入太阳能做照明的建筑物，它只需要选择适合的建筑物设计、适合的材料，无须由外部提供能源，因此称为无源。

太阳能是一种优良的可再生能源。广义上的太阳能是地球上许多能量的来源，如风能、水的势能等。太阳能资源丰富，既可免费使用，又无需运输，对环境无任何污染。太阳能为人类创造了一种新的生活形态，使人类社会进入了一个节约能源、减少污染的时代。

目前地面利用太阳能的主要形式有太阳能电池，通过光电转换把太阳光中包含的能量转化为电能；太阳能热水器，利用太阳光的热量把水加热；太阳能发电，利用太阳光的热量发电；太阳能供暖，透过机械及硬件设备来收集并传送太阳能的热量以供应暖气设备；利用太阳能进行海水淡化；太阳能运输（汽车、船、飞机等）；太阳能公共设施（路灯、红绿灯、招牌等）；整合太阳能建筑（房屋、厂房、电厂、水厂等）；其他太阳能装置，例如太阳能计算机、太阳能背包、太阳能台灯、太阳能手电筒等。在这些形式的应用中，太阳能热水器是在我国应用最广泛的一种形式。其原理是利用太阳光来加热水。在较低的地理纬度（低于 40°），使用太阳能加热系统可以提供高达 60℃的热水。地面利用太阳能也有一定的局限性，主要表现在受日夜变化、云层和天气变化的直接影响。

空间太阳能电站

物体在太空受到太阳照射的时间比在地球上长得多。在地球同步轨道上的物体，1 年中只有在春分和秋分前后各 45 天里，每天出现 1 次阴影，时间最长不超过 72 分钟。1 年中累计不超过 4 天，也就是 1 年中有 99% 的时间是白天。而在地面上，有一半的时间属于夜晚，并且白天除正午外太阳都是斜射的。此外，太空是一个超洁净的环境，太阳电池的表面不会粘上任何尘土，无需维护。

空间太阳能电站发展的历史

从科幻到现实

1941年，美国科幻作家艾萨克·阿西莫夫出版了短篇科幻小说《推理》，描写了从空间站收集太阳能，并用微波向各行星发送能量的故事。故事的梗概是：鲍威尔和杜鲁门被派往一个通过微波束向行星传递能量的空间站。空间站上有许多控制微波束的机器人，这些机器人都由一个叫作“可人儿”（Cutie）的机器人来协调。可人儿创造了自己的宗教，以空间站的能量之源为神，而他自己则作为神之先知，不再理睬人类的指令。他甚至断言“我思故我在”，故被人们嘲笑为机器人中的笛卡尔。人们一开始试着与可人儿辩论，但发现根本无法说服他。人们又尝试着消灭他，但其他的机器人已经变成了他的信徒，不再听从人类的指令。这时一场磁暴即将到来，有可能使微波束偏向，给行星上的人们带来劫难。但是，当磁暴到来时，可人儿准确地操作了微波束，化解了危机。可人儿和其他机器人觉得他们只不过是依照神的旨意，尽其所能，让仪表盘上的读数处于最佳的状态，而那些所谓的磁暴、微波束和行星根本不存在。鲍威尔和杜鲁门发现他们已经无事可做，既然可人儿如此尽责地完成了工作，那么他信仰什么无关紧要。可人儿认为他并不是为了人类的利益而工作，而是为了他的神。人们甚至开始考虑让其他的机器人也变得像他这样忠于信仰。

从科幻走入现实，卫星太阳能电站（SSPS）的概念是在1968年由美国工程师拉舍提出来的。1973年，人们开始研究利用微波从卫星太阳能电站向地面传输能量的技术。

1979年，NASA就提出了关于空间太阳能电站的设想，后因技术、经济等方面的原因没有实施。20世纪90年代中期，NASA组织专家开展了新一轮的研究论证，目前看好的方案有“太阳塔”和“太阳盘”两种。

在“太阳塔”方案中，太阳能电池阵不再是铺设在一整块巨大的矩形平板上，而是由数十个到数百个圆盘形发电阵组成。每个发电阵的直径为 50 ～ 100 米，输出功率 1000 千瓦。发电阵的数目根据总发电量的要求配置。发电阵发出的电流由超导材料制成的中央电缆传输到发射天线，天线直径约 260 米。这种方案的最大特点在于它的高度模块化，适于批量生产，便于组装，有利于未来电站规模的扩展。

“太阳盘”方案采用直径 3 ～ 6 千米的高效薄膜太阳能电池阵发电，保持自旋稳定，并对太阳定向，产生的电流汇集到盘极，再传输到发射天线。发电功率 2 ～ 8 吉瓦。用 5.8 吉赫兹的微波向地面传输。地面接收天线直径 5 ～ 6 千米，不需要地面储能设备。

1978—1981 年，美国国会要求能源部和 NASA 联合研究卫星太阳能电站的可行性。

空间太阳能电站的关键技术包括高转换效率的太阳能电池、低成本的地面与轨道间的运输、高效微波发生器和微波能量的接收技术等。

▲ NASA 早期提出的空间太阳能电站

美国的 SERT 计划

1999 年，NASA 启动了“空间太阳能电源探索研究和技术计划”(SERT)，其主要目的是：①对选定的空间太阳能电源概念进行设计研究；②评估其可行性、设计和要求；③对子系统进行概念性设计；④规范基本的活动计划；⑤构造技术发展和正式的路线图。

目前 SERT 研究得出的一些结论：

①全球能源需求在未来几十年内将继续增加，将出现许多新能源计划；②这些计划对环境的影响、对全球能源供应和地缘政治关系的效应将成为重要问题；③不管是在哲学还是在工程方面，可再生能源将成为竞争的手段；④许多可再生能源的发展受能力所限；⑤空间太阳能电源系统在环境保护方面具有许多优势。

▼ SERT 计划建设的空间太阳能电站构型

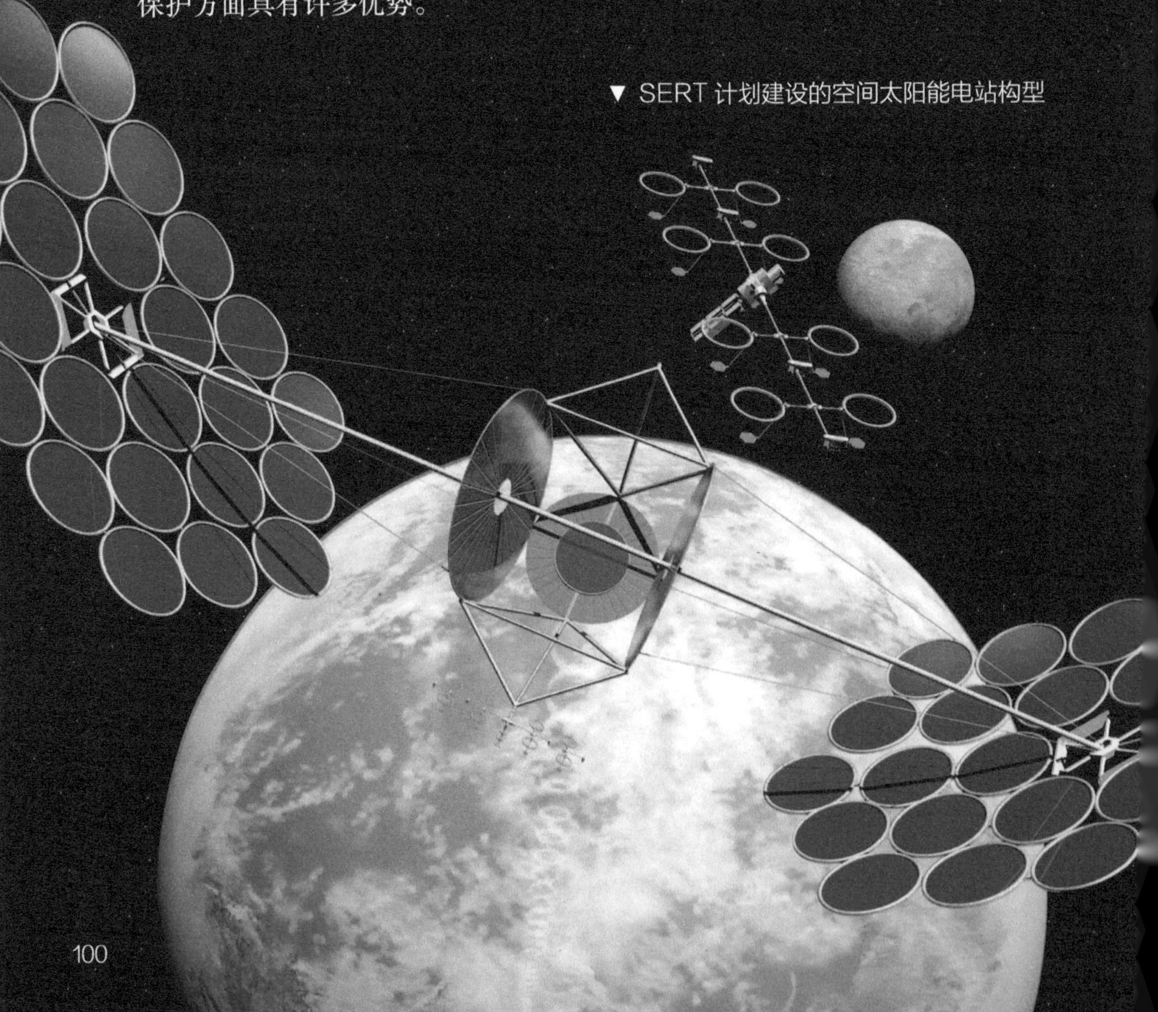

空间太阳能电站的结构

基本单元

光能的转换一般有两种方法：一种方法是通过光伏电池转换为电能；另一种方法是将光能转换为激光。

空间太阳能电站主要由三部分组成：太阳能收集器、太阳能发射器和地面的太阳能接收装置。太阳能收集器由主反射镜、次反射镜和光伏电池组成。太阳能发射器由发射天线构成。主反射镜和次反射镜将阳光集中在太阳光伏电池阵上，由光伏电池将光能转换为电能。与光伏电池相连接的还有直流电到微波转换器，太阳能被转换成微波后，由天线发送到地面。

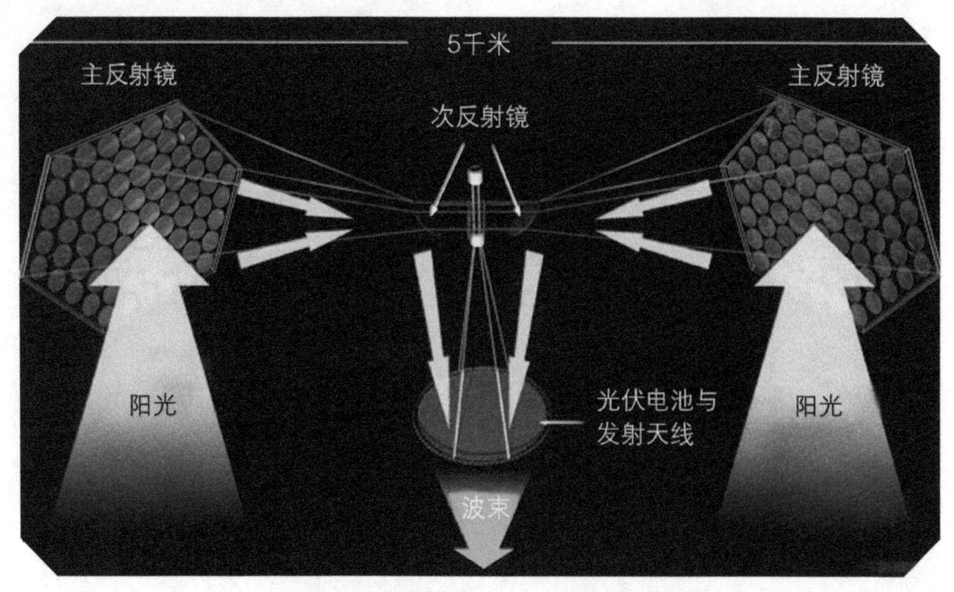

▲ 太阳能收集器和太阳能发射器的基本构成

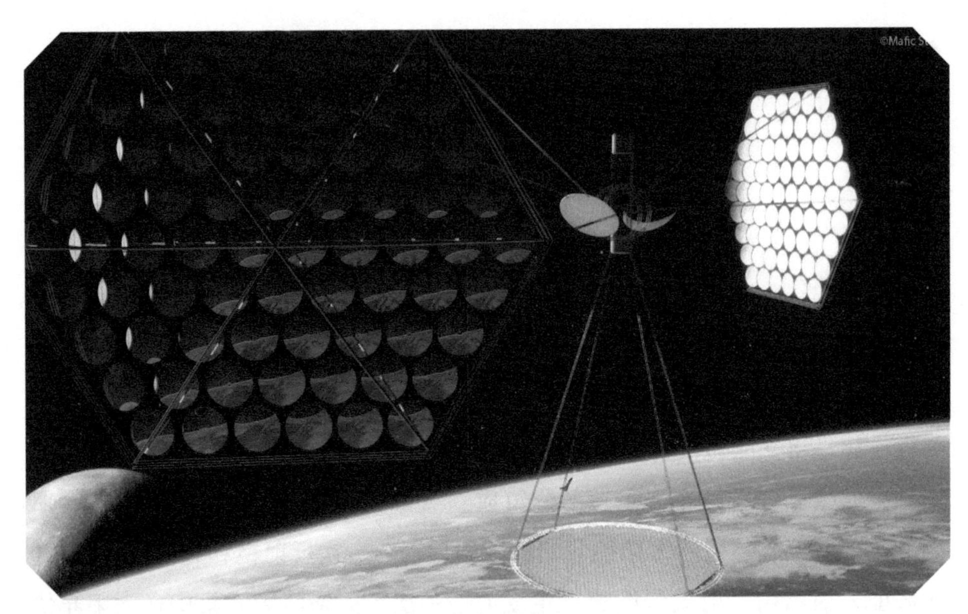

▲ 聚光装置

地基接收设备

地基整流天线由许多短的偶极天线经过二极管连接而成。来自卫星的微波信号被偶极天线接收，效率一般为 85% 左右。地基整流天线比传统的微波接收天线接收效率高，但成本较高，复杂性也较大。

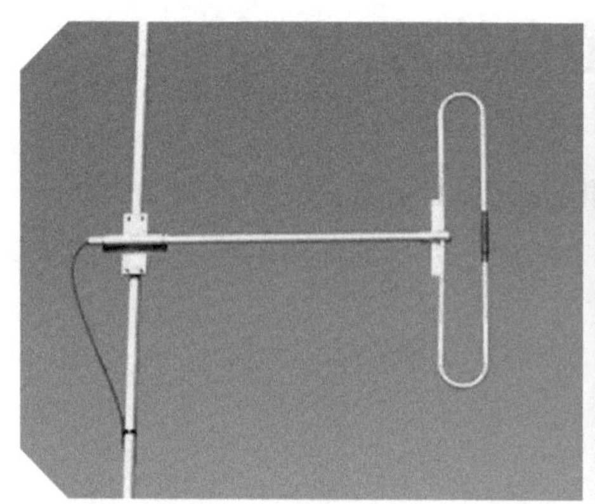
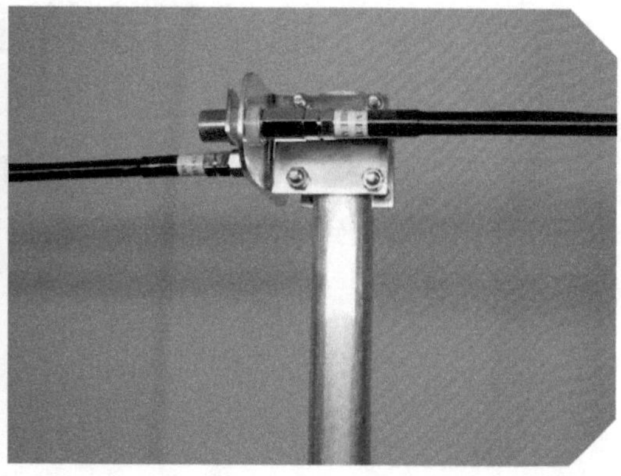

▲ 典型的偶极天线

▼ 地面接收设备

典型设计方案

地球同步轨道电池阵

下图是1000米宽的地球同步轨道太阳电池阵设计方案。这种空间太阳能电站1年内所接收到的太阳能巨大，相当于地球上人类1年使用的石油资源所具有的能量。

▼ 地球同步轨道电池阵

将阳光转换成激光的空间太阳能电站

日本大阪大学与日本宇宙航空研究开发机构（JAXA）联合开发出一种能将阳光转换成激光的空间太阳能电站，效率是以前类似装置的 4 倍。

▼ 将阳光转换成激光的空间太阳能电站

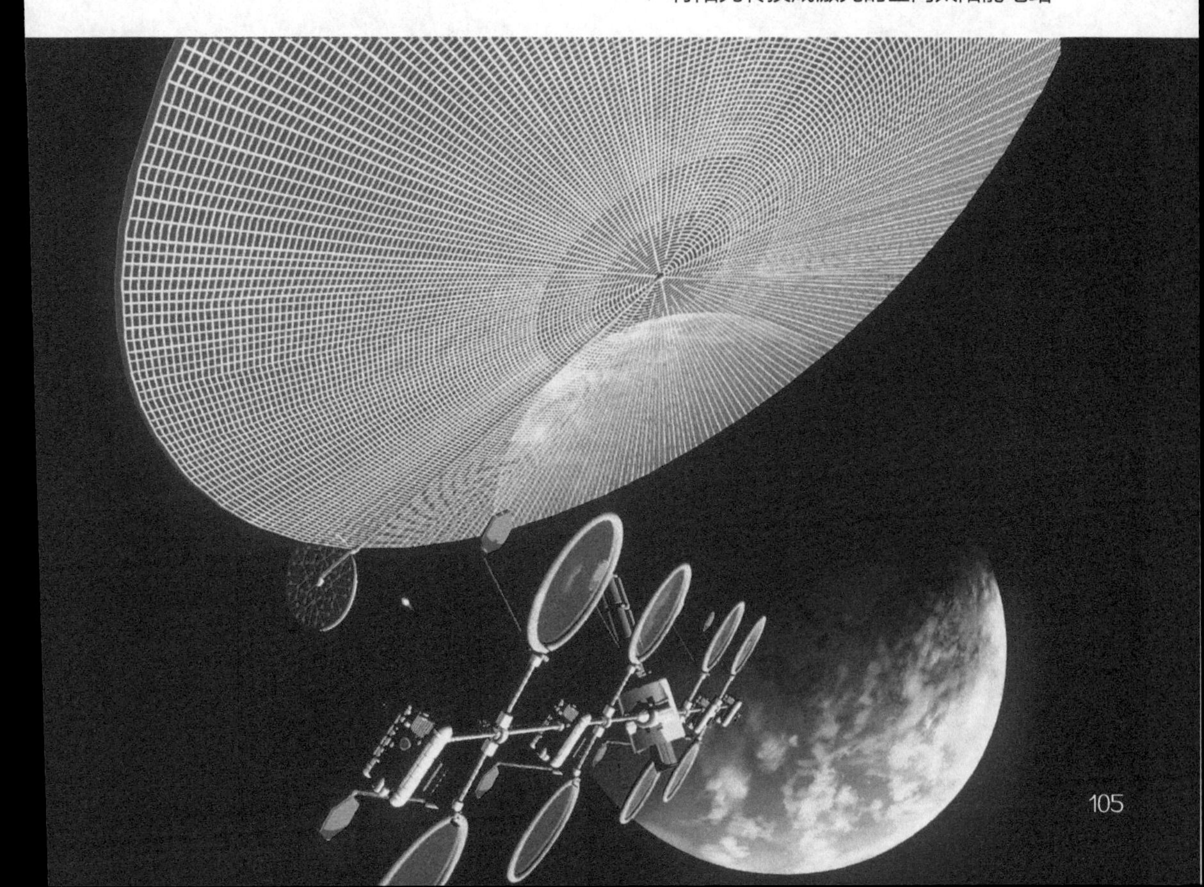

自展开薄膜收集器

NASA 正在研究一种薄膜反射器用于收集阳光。这种装置在太空中能自动展开，所构成的位型能有效地聚集阳光。

▼ 自展开的阳光收集器

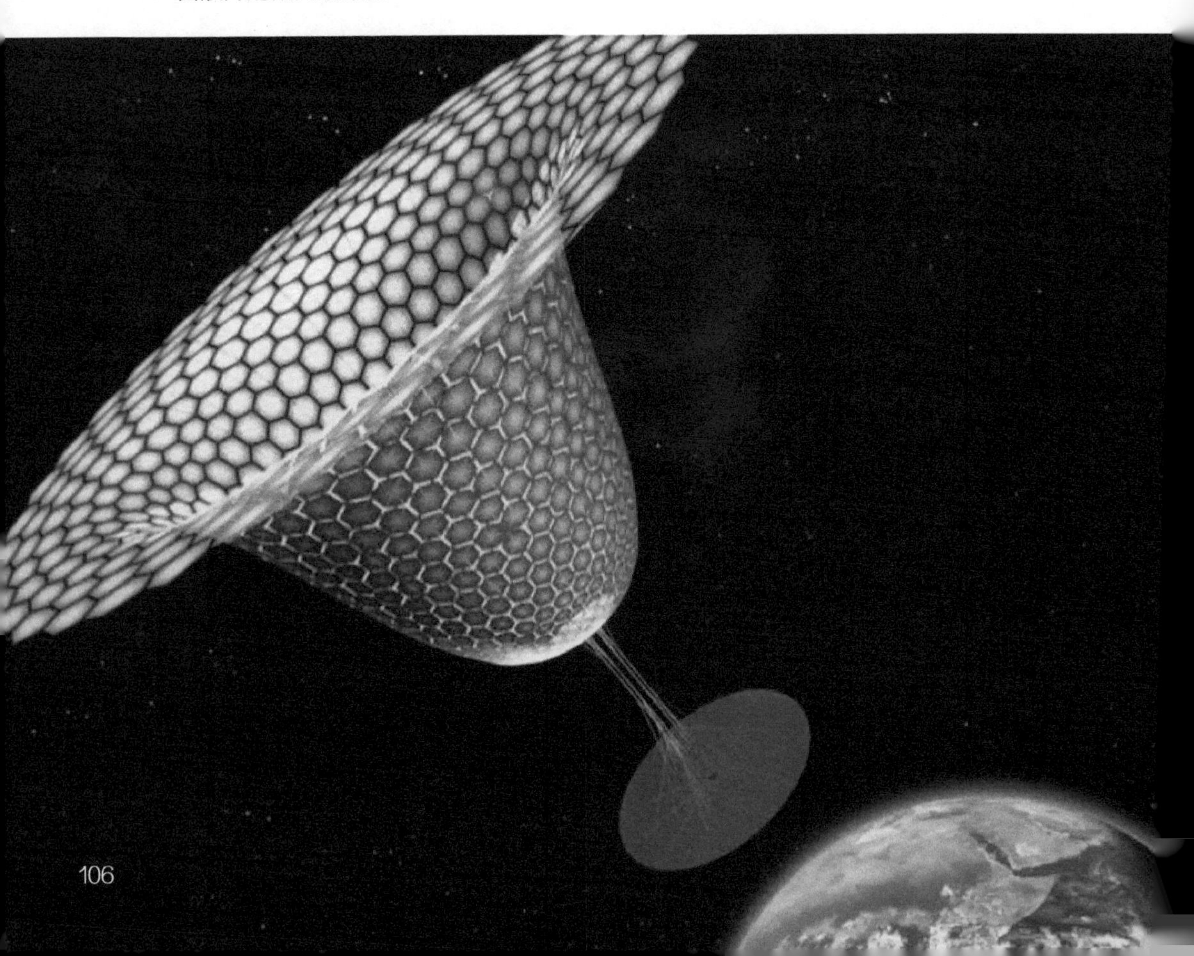

日本和美国联合设计的空间太阳能电站

日本和美国公司联合推出的一种空间太阳能电站模型，计划于2030 年发射升空。

▼ 将收集到的太阳能向地面发射

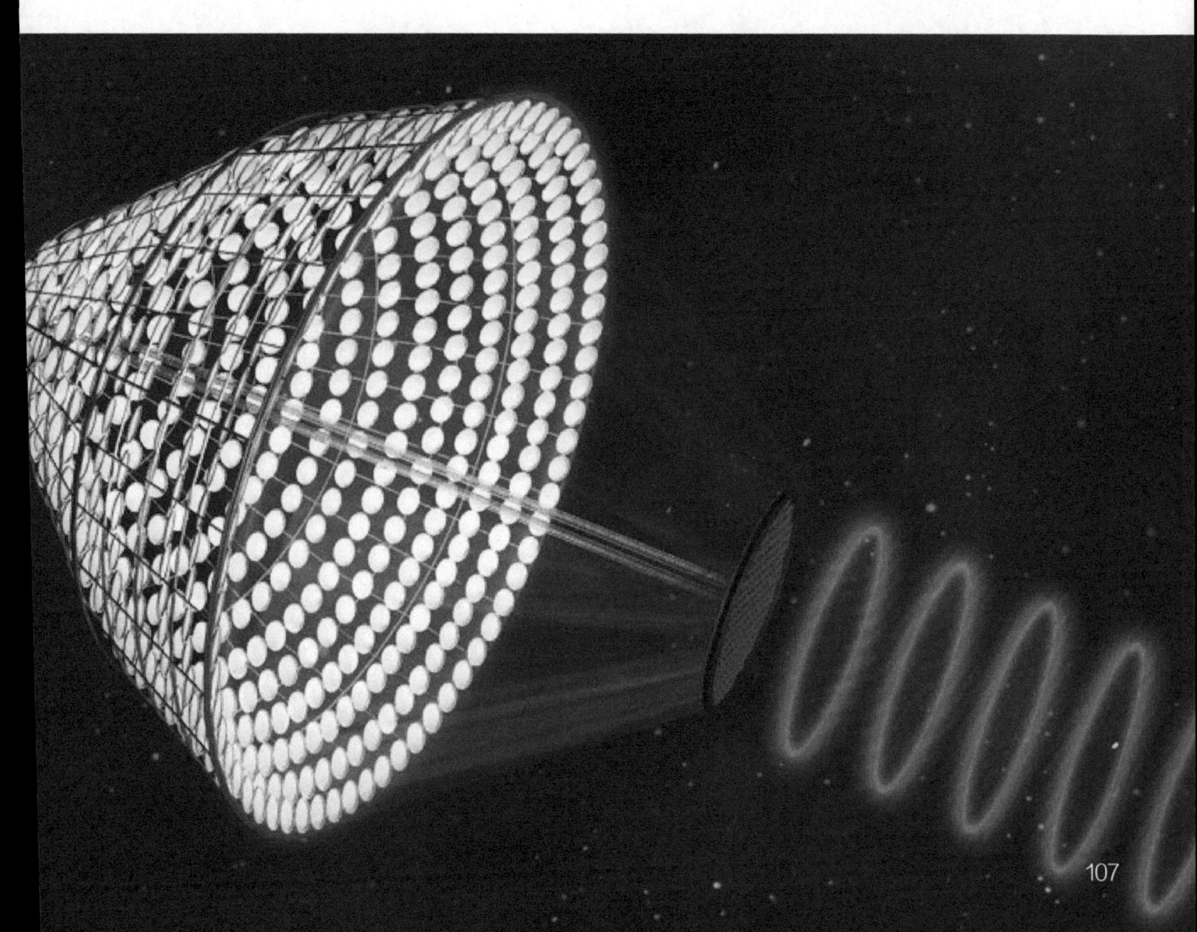

面对的挑战

环　境

尽管空间太阳能电站功率很大，但由于微波能量传输距离远（约 3.6 万千米），根据微波能量传输特性，实际接收天线的能量密度比较低。因此，在接收点附近，微波辐射能量是否会超标？对生命系统将产生什么影响？这些问题都需要进一步研究。

成　本

有专家估算，建设一个天基太阳能发电站需要耗资 3000 亿～ 10000 亿美元，因此，成本问题可能是制约空间太阳能电站发展的主要因素。在新概念、新技术和大规模商业化之前，收入难以补偿整个系统的建造和运行成本。

技　术

空间太阳能电站是一个巨大的工程，对现有的航天器技术提出了巨大挑战，如电站质量大（达到万吨以上），比目前的卫星高 4 个数量级，需要采用新材料和新型运载技术；面积达到数平方千米，比目前的卫星高出 6 个数量级，需要采用特殊的结构、空间组装和姿态控制技术；功率大，发电功率为吉瓦量级，比目前的卫星高 6 个数量级，需要特别的电源管理和热控技术；寿命长，至少达到 30 年以上，比目前的卫星高 1 倍以上，需要新材料和在轨维护技术；效率高，需要先进的空间太阳能转化技术和微波转化传输技术。

安　全

空间太阳能电站运行中还有许多安全问题，其中包括如何对波束进行安全控制，波束对飞行器的影响，空间碎片可能对空间太阳能电站造成局部损害，空间太阳能电站本身具有易攻击性，受撞击后可能成为空间垃圾等。

LunOx
LunOx
EDC

第7章 月球资源

月球资源是人类空间探索中最为常见的资源。目前月球资源主要包括月球氦3资源、月球氧资源、月球稀土与钛铁矿资源。

本页图为月球氧气生产基地。

就位资源利用

就位资源利用的含义

在地外天体上直接利用着陆区附近的资源，或者对这些资源进行加工、处理，直接制造产品，以满足乘员在该天体的居住、生活及科学考察需要，这一过程称为就位资源利用（In-Situ Resource Utilization，ISRU）。

就位资源利用是在月球或者其他天体上建立高级基地的前提。因为建立高级基地所需要的材料种类多、数量大，不可能完全从地球运送，必须充分利用该天体所具有的资源，生产出维持生命的氧气、水和食品，保障基地基础设施建设和发展的建筑材料，各类运输工具以及生产设施和能源等。从长远看，还要生产运载火箭的推进剂。

就位资源利用涉及寻找资源、开发与利用资源两个层次。寻找资源主要依靠轨道器的遥感测量进行普查，然后通过着陆器进行详查，在这方面人类已经掌握了相应的技术。难点在于开发和利用，尽管人类在开发和利用地球资源方面已经有了丰富的经验，但这些经验不能照搬到地外天体，因为无论是地外天体的自然条件，还是开发资源所能提供的条件，与地球都有很大的差别，因此需要深入研究。

就位资源利用的功能

就位资源利用的功能有以下 5 个方面：

● 资源提取。资源提取包括在月球和火星上挖掘土壤样品，对样品进行筛选、研磨并分析矿物成分。

● 材料处理和输送。阿波罗飞船登月时，航天员对样品进行手工处理、包装，并放入返回舱的容器中；火星的样品经过机械手处理，用着陆器上的仪器进行简单分析。今后，需要在地面上进行大量试验，探索在月球和火星上对样品处理和输送的经验。

● 用当地资源生产。研究表明，月球和火星上的资源是相当丰富的，绝大多数制造材料都可以从月球和火星获得。

● 表面结构。根据探测结果，月球和火星的表面形态是复杂的，只有部分地区适合进行就位资源利用。此外，还要考虑到月壤的特性、火星的辐射防护等因素。

● 产品存储。受制冷设施能力和大小的限制，在生产火箭推进剂时，还要考虑到产品的存储和分布问题。

就位资源利用的 24 项技术挑战

● 准确并安全地将航天员送入行星轨道和表面，并安全返回地球。

● 准确并安全地将一定质量和体积的物资送到行星轨道和表面，还要具备返回能力。

● 闭合的生命支撑系统环，包括在太空和微重力环境下生产食品。

● 准确、安全的气动捕获能力。

● 确定高级科学研究的飞行技术形式。

● 研发在轨部件和服务。

● 光学和射频技术，提高远距离通信水平。

● 为深空任务发展一个全面的医学系统。

● 研发适合载人的运载火箭上面级（上面级是多级火箭的第一级以上的部分，通常为第二级或第三级）。

● 研发和实施一个集成的模式，即具有模拟和分析能力的体系结构。

● 研发自动运输工具和任务管理系统。

● 为支撑系统工程（成本分析、风险分析、安全分析），创造以实验为基础的环境；

● 研发污染控制和可靠的抑制方法，以满足行星防护的要求。

● 研发地外资源提取、输送、处理、存储和分发网络；

● 研发长时间（90 天）低温流体管理方法 。

● 研发低成本、中大孔径和轻的太空光学系统。

● 研发可靠的深空自动交会对接系统。

● 研发高功率（兆瓦级）、高效率的太阳电池；

● 研发现代科学仪器。

● 研发多用途、多谱段和多种类型的传感器。

● 高级辐射屏蔽技术。

● 减小空间辐射效应的不确定性。

● 核聚变电源与核电推进技术。

● 研究纳米材料，如纳米管。

月球氦 3 资源

什么是氦 3

氦 3（^{3}He）是氦的同位素，其原子核中含有 2 个质子和 1 个中子，而正常的氦原子含有 2 个质子和 2 个中子。地球上的氦 3 非常稀少，但在月球上，它的储量却是非常丰富的。在月壤中，氦4 的丰度约为 28 ppm（1 ppm=1×10^{-6}），氦 3 的丰度约为 1 ～ 50 ppb（1 ppb=1×10^{-9}）。

根据已有的探测结果分析，除了极少数非常陡峭的撞击坑和火山通道的峭壁可能有裸露的基岩外，整个月球表面都覆盖着一层由岩石碎屑、粉末、角砾、撞击熔融玻璃等物质组成的结构松散的混合物，即月壤。月海区月壤平均厚度为 4 ～5 米，高原地区平均厚度约 10 米。

由于月球没有强磁场，也没有大气层，因此太阳风可直接入射到月球表面，并将太阳风中的氦 3 注入月壤里面。同时，月球经常被流星体撞击，大约每 4 亿年月壤就要被翻一次，所以月壤中吸收了很多氦 3，且含量比较均匀。月球已存在了 46 亿年，氦 3 储存量非常丰富。

氦 3 有着重要的应用前景，它可以和氢的同位素发生核聚变反应。但是与一般的核聚变反应不同，氦 3 在聚变过程中不产生中子，所以放射性小，而且反应过程易于控制，既环保又安全。在这个过程中，生成物是质子，并放出能量。

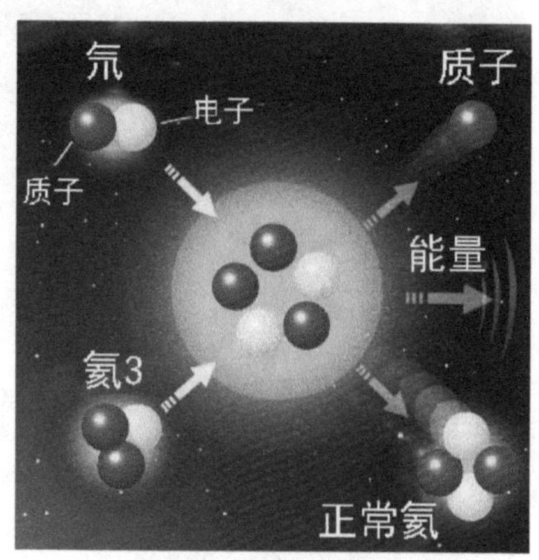

▲ 氘与氦 3 反应过程

提取氦 3 的方法

随着科技的发展和进步，核聚变发电装置的商业化和航天运输成本的日益降低，地—月之间的运输成本将降低到可以接受的程度，并且随着人们生活水平的进一步提高，人们的环保意识将逐渐增强。因此，氦 3 作为一种清洁、高效、安全的核聚变发电燃料具有广阔前景。月壤中蕴藏丰富的气体资源，人类要开发月球，建立月球基地，必然要在月球上获取维持生命系统的各种气体，从月壤中提取 1 吨氦 3 可同时获得 3100 吨氦 4、6100 吨氢气、500 吨氮气等。

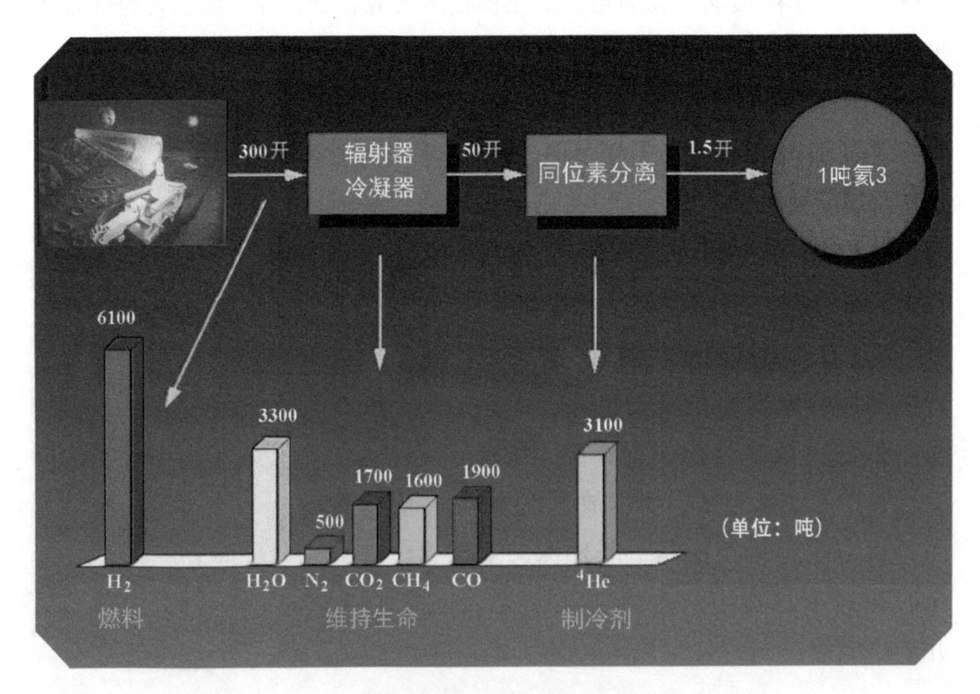

▲ 提取氦 3 的过程及其副产品

月球氧资源

月球上氧的含量

氧是月球元素中丰度最高的元素，月球中 60% 的原子都是氧原子，但是它们都与其他元素结合在一起，形成稳定的化合物，包括金属氧化物和非金属氧化物。如果把原子百分比转换为质量百分比，氧依然是丰度最高的元素，约占 42%，这一点从下图也可以看出。

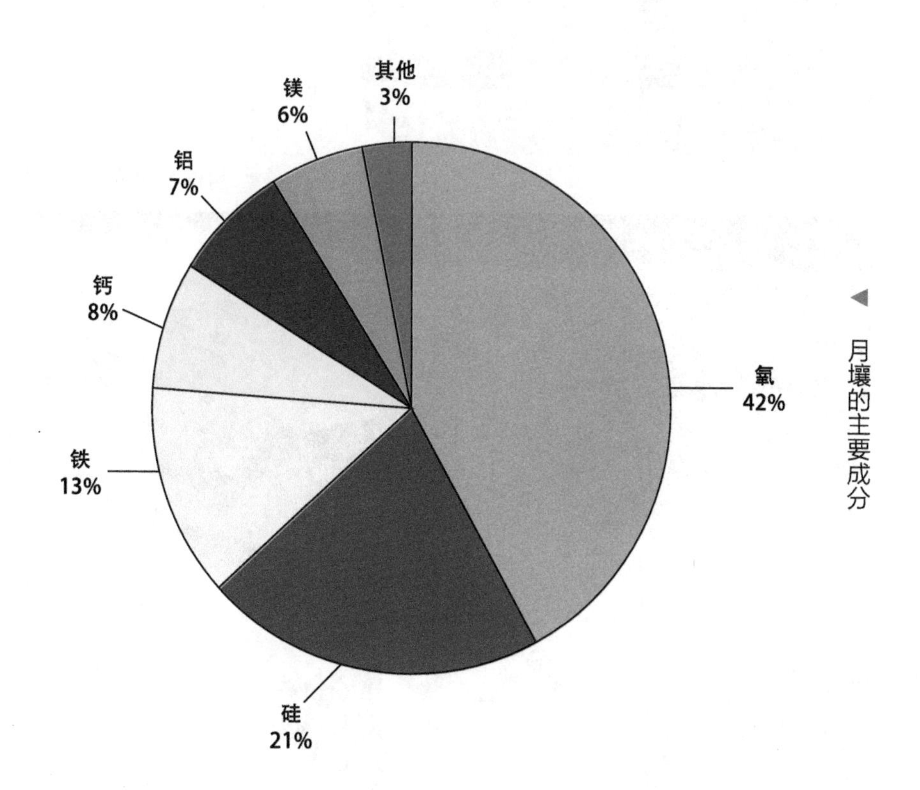

◀ 月壤的主要成分

月球上提取氧的方法

利用月球资源和材料生产氧，是月球基地建设头等重要的大事。目前已经提出了多种生产氧的方法。最重要的两种材料是钛铁矿和钙长石类的硅酸盐。氢还原钛铁矿的方法使用最为广泛，这种方法是将钛铁矿与氢混合加热，生成水、铁和二氧化钛，而且氢气还可循环使用。

◀ NASA 研制的月球氧气提取装置

▼ 月球上的液氧生产工厂

月球上的液氧生产工厂月产 200 万吨液氧。其生产方法是：将氢气与钛铁矿反应所生成的水电解，生成氢和氧。氢可以重复与钛铁矿反应，而氧气被液化并存储起来。原料是采自附近陨石坑的玄武岩。岩石被送到储存装置，并被输入一个三级压轧、研磨装置以减小岩石的大小。最后的颗粒通过筛选分离，并返回到传送带。反应器是一个三级液化装置，辅助设备包括低压和高压送料器、气体和固体分离器。一个高温陶瓷电解装置将水分解为氧和氢。氧被液化并存储，可用于燃料电池和生命保障系统。

▲ 月面氧气生产装置

稀土与钛铁矿资源

稀土资源

稀土就是化学元素周期表中的镧系元素——镧（La）、铈（Ce）、镨（Pr）、钕（Nd）、钷（Pm）、钐（Sm）、铕（Eu）、钆（Gd）、铽（Tb）、镝（Dy）、钬（Ho）、铒（Er）、铥（Tm）、镱（Yb）、镥（Lu）以及与镧系元素化学性质相似的两种元素——钪（Sc）和钇（Y）共17种元素的总称。

稀土元素已广泛应用于电子、石油化工、冶金、机械、能源、轻工、环境保护、农业等领域。应用稀土元素可生产荧光材料、稀土金属氢化物电池材料、电光源材料、永磁材料、催化材料、精密陶瓷材料、激光材料、超导材料、磁致伸缩材料、磁致冷材料、磁光存储材料、光导纤维材料等。

由于稀土元素的用途日益广泛，各国对稀土元素的需求越来越大，导致地球上稀土元素供不应求。但在月球上，这类元素的蕴藏量是相当丰富的。

克里普岩（KREEP）是月球高地三大岩石类型之一，因富含钾、稀土元素和磷而得名。克里普岩中所蕴藏的丰富的稀土元素及放射性元素钍、铀是未来人类开发利用月球资源的重要矿产资源之一，为未来月球资源的开发与利用提供了广阔的探测与研究前景。

钛铁矿资源

在地球上，钛作为一种稀有金属，具有许多其他金属无法比拟的优点，其主要特点是密度小、强度大和熔点高（1725℃）。钛及其合金被广泛用于制造飞机、火箭、导弹、舰艇等，目前也开始被应用于化工、石油和原子能工业中。这种战略物资在月球上蕴藏丰富。

对阿波罗飞船 6 次登月取回的样品及 3 次月球号探测器所带回的月壤样品的分析表明，月海玄武岩中二氧化钛的含量为 0.5% ～ 13%。根据二氧化钛的质量分数（质量分数是指某种成分在某物质中所占质量百分比），月海玄武岩分为高钛玄武岩、中钛玄武岩、低钛玄武岩和高铝玄武岩。各类月海玄武岩主要由辉石、长石、橄榄石和钛铁矿等矿物组成。高钛月海玄武岩中二氧化钛的质量分数大于 7.5%，中钛玄武岩为 4.5% ～ 7.5%，低钛玄武岩和高铝玄武岩中二氧化钛的质量分数均小于 4.5%。美国“克莱门汀”卫星探测到月球钛和铁主要分布于月球近边，远边钛铁含量较少。月球勘察轨道器的观测数据显示，月球上钛、铁矿的含量至少是地球的 10 倍。

据计算，月球上 22 个月海中所充填的玄武岩总体积约 10 万亿立方千米。若以钛铁矿（$FeTiO_3$）质量分数超过 8%，即二氧化钛的质量分数大于 4.2% 的月海玄武岩进行估算，玄武岩中二氧化钛质量分数大于 4.2% 的月海玄武岩占月海玄武岩总体积的 30% 左右，则钛铁矿的总资源量约为 150 万亿吨。根据月球正面月海玄武岩厚度分布图，估算玄武岩总体积和钛铁矿的总资源量分别为 80 万～160 万立方千米和 100 万亿～200 万亿吨。根据月球正面玄武岩中二氧化钛质量分数分布，估算二氧化钛质量分数大于 4.5% 的月海玄武岩中二氧化钛的总资源量为 70 万亿～100 万亿吨，钛铁矿的总资源量为 130 万亿～190 万亿吨。尽管上述估算带有很大的推测性与不确定性，但可以肯定月海玄武岩中蕴藏丰富的钛铁矿。钛铁矿不仅是生产金属铁、钛的原料，还是生产水和火箭燃料——液氧的主要原料，它将成为未来月球开发利用的最重要的矿产资源之一。

DEEP SPACE INDUSTRIES

第8章

小行星资源与火星资源

本章重点介绍小行星矿物资源、小行星挥发物资源、小行星开采技术。此外，还介绍了火星资源及未来的火星基地。

本页图为具有轮式居住区的小行星采矿设施。

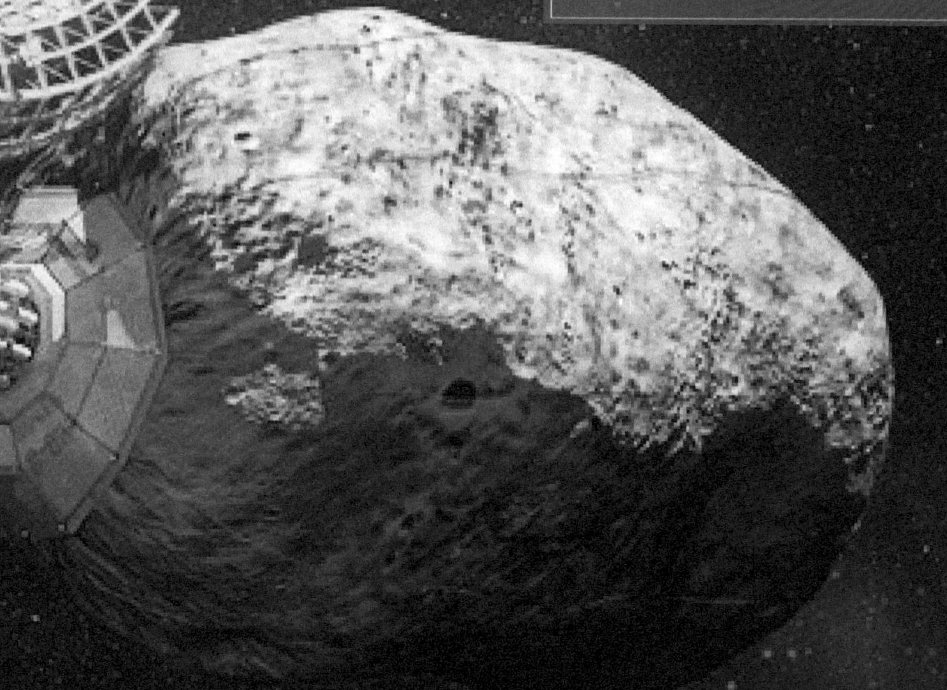

小行星资源的类型

小行星的矿物资源

根据对小行星的光谱观测，人类发现小行星中含有丰富的矿物资源，但不同类型的小行星含有的矿物种类有很大差别。

C 类小行星：这类小行星数量最多，表面含碳，反照率非常低，只有 0.05 左右。一般认为 C 类小行星的构成与碳质球粒陨石（一种石陨石）的构成一样。

S 类小行星：这类小行星占所有小行星的 17%，是数量次多的小行星。这类小行星的反照率比较高，为 0.15 ～0.25。它们的构成与普通球粒陨石类似，这类陨石一般由硅化物组成。

M 型小行星：这类小行星过去可能是比较大的小行星的金属核，其金属含量比 S 类小行星高 10 倍。灵神星（Psyche）是最大的 M 型小行星，雷达观测显示，灵神星完全是由铁与镍所构成的。灵神星似乎是一个更大天体裸露的金属核。

能够从小行星中提取的金属主要包括铁、镍和钛。据 Asterank 网站报道，一颗名为 241 Germania 的小行星上所具有的矿产资源总价值达到 95.8 万亿美元，超过了目前全世界的 GDP 总量。但这颗小天体运行在位于火星和木星轨道之间的小行星带中，由于太遥远，所以开采的成本将非常高。

Asterank 网站目前收集了 60 万颗小行星的信息，其中潜在利用价值排在前 10 位的小行星列于下表中。表中的 Δv 表示从地球到达该小行星所需要的火箭速度增加量。

▼ 利用价值排在前 10 位的小行星

小行星	半主轴（AU）	偏心率	价值（万亿美元）	Δv（千米/秒）
1903 LU	3.166	0.188	26993228.43	11.145
1896 DB	3.166	0.188	7085435.21	11.145
1910 KQ	3.192	0.020	5733912.08	12.745
1893 AH	3.150	0.260	5210935.05	11.982
120 Lachesis	3.120	0.053	4109212.22	—
1913 QZ	3.001	0.340	3942294.12	10.408
1905 QO	3.385	0.113	3702800.84	10.809
1977 UB	13.638	0.382	3556980.86	11.914
1894 AY	2.897	0.171	3498590.00	11.549
1899 EL	2.769	0.176	3377258.98	10.007

小行星的挥发物资源

一些小行星中含有丰富的挥发物资源，见下表。

▼ 小行星的挥发物及其用途

挥发物	基本用途
H_2O、N_2、O_2	维持生命
H_2、O_2、CH_4、CH_3OH	推进剂
CO_2、NH_4OH、NH_3	农业
H_2O_2	氧化剂
SO_2	制冷剂
CO、H_2S、$Ni(CO)_4$、$Fe(CO)_5$、H_2SO_4、SO_3	冶金

凯克观测台于2006年发出通告，木星系统的脱罗央（Trojans）小行星617 Patroclus以及其他大量的脱罗央小行星含有大量的水冰。与此类似，木星族彗星以及一些本是死亡彗星的近地小行星也能提供数量巨大的水。短期来看，这些水并无开采价值，但从长远的就位资源利用的角度看，这些水可用于制作推进剂、辐射屏蔽以及其他空间基础材料。

▼ Patroclus及其卫星的艺术图

开发小行星资源的技术

将装置固定于小行星表面

由于相当多小行星的引力可以忽略，因此，开发小行星资源遇到的第一个问题是如何将装置固定于小行星表面。此外，由于小行星表面的状态相差很大，有的是坚固的，有的是松软的，因此对于不同的小行星，固定方法也不一样。下图是其中的一种方法，先在小行星表面固定绳索，航天员在小行星表面活动要时刻抓住这些绳索。其他方法有打桩和抛锚等。

▼ 用绳索将装置固定于小行星表面

表面采矿

在小行星表面采矿将遇到一些特殊问题，必须采取特殊的方法。有的小行星表面土壤的强度很低，表面重力几乎为零，因此，表面采矿要将铲土机或挖掘机固定在表面；在微重力天体上采矿要将土壤包住，将收集到的物质保持在装置之内，避免飞出。

▼ 表面采矿装置

地下开采

针对小行星采矿时，采用地下采矿技术是比较合适的。这是因为：在切断、钻探或挖掘时容易产生作用力；小行星表层物质可能已经挥发，无法获得想得到的物质；容易控制挖掘出来的物质；采矿后产生的空间也可能是有用的，如存储和居住。

选择地下开采技术时，应尽量少消耗或不消耗有用的矿物；不要使用大的作用力；撞击小行星时，力度要小，因为小行星可能是易碎的。一般使用双机器人系统进行钻探，一个配备激光的钻头将矿物携带到表面，另一个机器人将矿物带到精选站。

▼ 钻探采矿装置

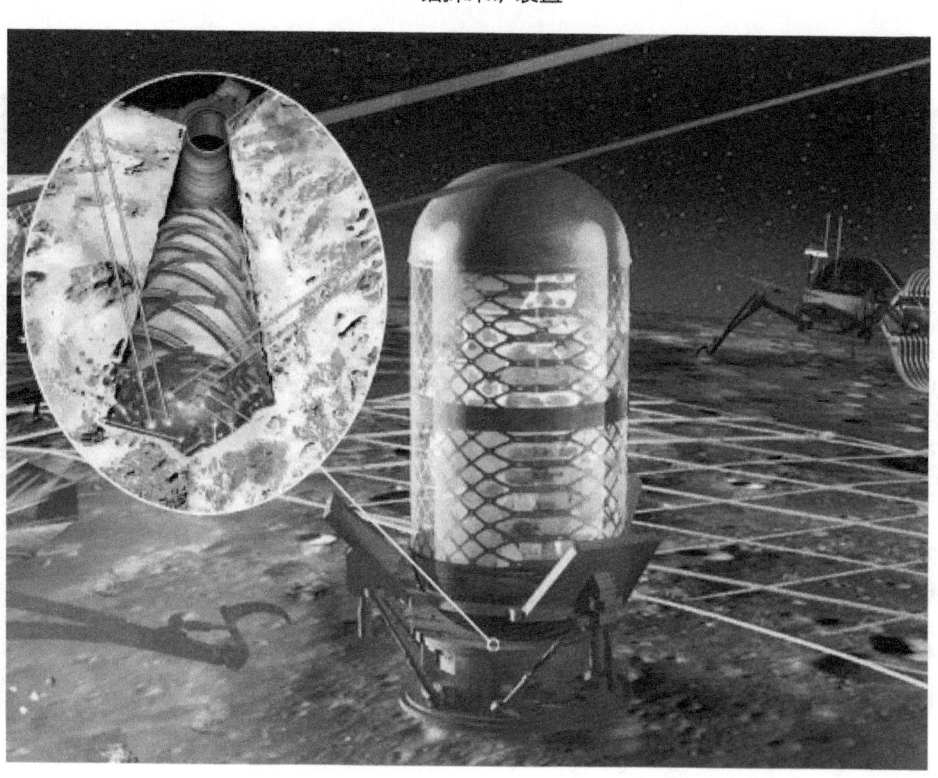

典型的采矿设计

● 捕获小行星有三种方式：①用特制机械抓住小行星表面突出部分并拖拽到指定轨道；②用飞船捕获富含水的小行星；③使用专用设施，抓住小行星，并改变其轨道，将其牵引到人类容易到达的轨道，然后对其进行分析、取样、采矿。

▼ 用特制机械抓住小行星表面突出部分并拖拽到指定轨道

▲ 用飞船捕获富含水的小行星

▼ 将小行星牵引到预定轨道

● 建立小行星开采基地。在小行星表面选择合适的区域，建立一个开采基地，使用各种开采机械，对其进行较长时期的开采，这种方式一般是针对较大的小行星。

● 将样品返回地球。在小行星表面取到样品后，取样探测器自动返回地球。

▲ 小行星开采基地

▲ 取样返回

● 用微型探测器勘察近地小行星资源。将微型探测器发射到小行星附近，并对其进行详查，以获得矿物特性的详细资料，进而判别其开采价值。

● 用小行星资源生产燃料。通过燃料处理型飞船上各种仪器探测小行星，如确认小行星上含有燃料，立刻对其取样，并用小行星资源生产燃料后返回。

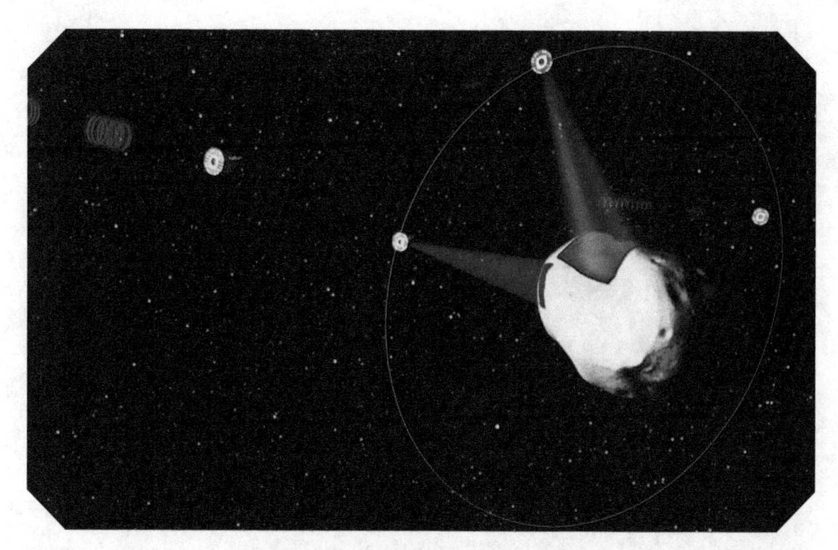

▲ 用微型探测器勘察近地小行星资源

▲ 用小行星资源生产燃料

● 具有轮式居住区的采矿设施。这种采矿设施更高级，不仅有人的住处，还可以旋转，产生人造重力，避免航天员长期生活在微重力环境下（见第 122 页图）。

● 能大量采集矿物的飞船。该飞船功能较强，能大量采集矿物，并将其运回地球。

▼ 采集型飞船

火星资源

从极区提取水

火星表面虽然没有液体水，但在其极区，水冰的含量还是很丰富的。火星快车的次表面与电离层控制雷达获得的数据显示，沉积层主要由水冰构成，只含少量的尘埃。沉积层内总的水冰体积等效于覆盖整个火星 11 米深的水层。这么厚的水冰层，为提取水创造了条件，只要将取下的冰层加热，就可以获得液态水。

在火星生产火箭燃料

在火星上，就位资源利用研究集中在获取火箭燃料上，首先是向取样返回的不载人飞船提供燃料，待取得经验后，将为返回地球的载人飞船补充燃料。火星大气层中含有丰富的二氧化碳，可以通过设备提取火星大气层中的二氧化碳。典型的化学反应过程是：$CO_2 + 4H_2 \longrightarrow CH_4 + 2H_2O$。在这个反应过程中产生甲烷，甲烷可以作为火箭的燃料。

NASA 已经研制出一套名为“着陆器操作的火星大气层和土壤收集器、处理器”（MARCO POLO）的系统。这是第一代集成的火星土壤和大气层处理系统。在操作过程中，该系统使用直流电源，10 千瓦燃料电池用于白天 14 小时的运行；1 千瓦燃料电池用于夜间 10 小时的运行，计划采用遥感和自动操作。

▲ 未来火星基地的就位资源利用

拿什么奉献给你，我的读者？

——陆彩云

从神舟五号、六号载人飞船到神舟十号载人飞船，从嫦娥一号人造卫星到嫦娥五号探测器，从天宫一号空间实验室到即将发射的天宫二号空间实验室，全民对太空领域的关注达到了前所未有的高度，广大青少年对太空知识的兴趣也被广泛调动起来。但是，适合青少年阅读的书籍却相当有限。针对于此，我们有了做一套介绍太空知识的丛书的想法。机缘巧合，北京大学的焦维新教授正打算编写一套相关丛书。我们带着相同的理想开始了合作——奉献一套适合青少年读者的太空科普丛书。

虽然适合青少年阅读的相关书籍有限，但也有珠玉在前，如何能取其精华，又不落窠臼，有独到之处？我们希望这套作品除了必需的科学精神，也带有尽可能多的人文精神——奉献一套既有科学精神又有人文精神的作品。

关于科学精神，我们认为科普书不只是普及科学知识，更重要的是要弘扬科学精神、传播科学品德。在图书内容上作者和编辑耗费了大量心血。焦教授雪鬓霜鬟，年逾古稀，一遍遍地翻阅书稿，对编辑提出的所有问题耐心解答。2015 年 8 月，编辑和作者一同在国家知识产权局培训中心进行了为期一周的封闭审稿，集中审稿期间，他与年轻的编辑一道，从曙色熹微一直工作到深夜。这所有的互动，是焦教授先给编辑们上了一堂太空科普课，我们不仅学到知识，也深刻感受到老学者的风范：既严谨认真、一丝不苟，又风趣幽默，还有“白发渔樵，老月青山”的情怀。为了尽量提高内容的时效性，无论作者还是编辑，都更关注国内外相关研究的进展。新视野号探测器飞越了冥王星，好奇号火星车对火星进行了最新探测……这些都是审稿期间编辑经常讨论的话题。我们力求把最新、最前沿的内容放在书里，介绍给读者。

关于人文精神，我们主要考虑介绍我国的研究情况、语言文字的适合性和版式的设计。中国是世界上天文学起步最早、发展最快的国家之一，我们必须将我国的天文学发展成果作为内容：一方面，将一些历史上的研究成果融入书中；另一方面，对我国的最新研究成果，如北斗卫星、天宫实验室、嫦娥卫星等进行重点介绍。太空探索之路是不平坦的，科学家和航天员享受过成功的喜悦，也承受过失败的打击，他们的探索精神和战斗意志，为广大青少年树立了榜样。

这套丛书的主要读者对象定位为青少年，编辑针对他们的阅读习惯，对全书的语言文字，甚至内容，几番改动：用词更为简明规范；句式简单，便于阅读；内容既客观又开放，既不强加理念给他们，又希望能引发他们思考。

这套丛书的版式也是编辑的心血之作，什么样的图片更具有代表性，什么样的图片青少年更感兴趣，什么样的编排有更好的阅读体验……编辑可以说是绞尽脑汁，从书眉到样式，到文字底框的形状，无一不深思熟虑。

这套丛书从2012年开始策划，到如今付梓印刷，前后持续四年时间。2013年7月，这套丛书有幸被列入了“十二五”国家重点图书出版规划项目；2013年11月，为了抓住“嫦娥三号”发射的热点时机，我们将丛书中的《月球文化与月球探测》首先出版，并联合中国科技馆、北京天文馆举办了一系列科普讲座，在社会上产生了一定的影响，受到社会各界的好评，2014年年底，《月球文化与月球探测》获得了科技部评选的“全国优秀科普作品”；2014年7月，在决定将这套丛书其余未出版的九个分册申请国家出版基金的过程中，我们有幸请到北京大学的涂传诒院士和濮祖荫教授对稿子进行审阅，涂传诒院士和濮祖荫教授对书稿整体框架和内容提出了中肯的意见，同时对我们为科普图书创作所做的探索给予了充分肯定，再加上徐家春编辑在申报过程中认真细致的工作，最终使得本套书得到国家出版基金众专家、学者评委的肯定，获得了国家出版基金的资助。

感谢我们年轻的编辑：徐家春、张珑、许波，他们在这套书的编辑工作中各施所长，倾心付出；感谢前期参与策划的栾晓航和高志方编辑；感谢张凤梅老师在策划过程中出谋划策；感谢青年天文教师连线的史静思、王依兵、孙博勋、李鸿博、赵洋、郭震等在审稿过程中给予的热情帮助；感谢赵宇环、贾玉杰、杜冲、邓辉等美术师在版式设计中的全力付出……感谢所有参与过这套书出版的工作人员，他们或参与策划、审稿，或进行排版，或提供服务。

这套书的出版过程，使我们对于自身工作有了更进一步的理解。要想真正做出好书，编辑必须将喧嚣与浮华隔离而去，于繁华世界静下心来，全心全意投入书稿中，有时候甚至需要“独上西楼”的孤独和“为伊消得人憔悴”的孤勇。

所以，拿什么奉献给你，我的读者？我们希望是你眼中的好书。

附：《青少年太空探索科普丛书》编辑及分工

分册名称	加工内容	初审	复审	审读	编辑手记审校
遨游太阳系	统稿：张珑 文字校对：张珑、许波 版式设计：徐家春、张珑 3D 制作：李咀涛	张珑	许波	陆彩云 田姝	
地外生命的 365 个问题	统稿：徐家春 文字校对：张珑、许波 版式设计：徐家春 3D 制作：李咀涛	徐家春	张珑	陆彩云 田姝	
间谍卫星大揭秘	统稿：徐家春 文字校对：许波、张珑 版式设计：徐家春	徐家春	张珑	陆彩云 田姝	
人类为什么要建空间站	统稿：张珑、徐家春 文字校对：张珑 版式设计：徐家春、张珑	许波	徐家春	商英凡 彭喜英 陆彩云	
空间天气与人类社会	统稿：徐家春 文字校对：张珑、许波 版式设计：徐家春	徐家春	张珑	陆彩云 田姝	张珑 徐家春
揭开金星神秘的面纱	统稿：张珑 文字校对：陆彩云、张珑 版式设计：张珑 3D 制作：李咀涛	张珑	徐家春	吴晓涛 孙全民 陆彩云	
北斗卫星导航系统	统稿：徐家春 文字校对：许波、张珑 版式设计：徐家春	徐家春	张珑	陆彩云 田姝	
太空资源	统稿：徐家春、张珑 文字校对：许波、张珑 版式设计：徐家春、张珑	许波	徐家春	陆彩云 彭喜英	
巨行星探秘	统稿：张珑 文字校对：张珑、许波 版式设计：徐家春、张珑	张珑	许波	陆彩云 孙全民 吴晓涛	